中国古代农业

柏 芸 编著

中国商业出版社

图书在版编目（CIP）数据

中国古代农业／柏芸编著．--北京：中国商业出版社，2015.10（2022.7重印）

ISBN 978-7-5044-8554-0

Ⅰ．①中… Ⅱ．①柏… Ⅲ．①农业史-中国-古代 Ⅳ．①S-092.2

中国版本图书馆CIP数据核字（2015）第229242号

责任编辑：常　松

中国商业出版社出版发行

010-63180647　www.c-cbook.com

（100053北京广安门内报国寺1号）

新华书店经销

三河市吉祥印务有限公司印刷

*

710毫米×1000毫米　16开　12.5印张　200千字

2015年10月第1版　2022年7月第3次印刷

定价：25.00元

*　*　*　*

《中国传统民俗文化》编委会

序　言

中国是举世闻名的文明古国，在漫长的历史发展过程中，勤劳智慧的中国人创造了丰富多彩、绚丽多姿的文化。这些经过锤炼和沉淀的古代传统文化，凝聚着华夏各族人民的性格、精神和智慧，是中华民族相互认同的标志和纽带，在人类文化的百花园中摇曳生姿，展现着自己独特的风采，对人类文化的多样性发展做出了巨大贡献。中国传统民俗文化内容广博，风格独特，深深地吸引着世界人民的眼光。

正因如此，我们必须按照中央的要求，加强文化建设。2006 年 5 月，时任浙江省委书记的习近平同志就已提出："文化通过传承为社会进步发挥基础作用，文化会促进或制约经济乃至整个社会的发展。"又说，"文化的力量最终可以转化为物质的力量，文化的软实力最终可以转化为经济的硬实力。"(《浙江文化研究工程成果文库总序》)2013 年他去山东考察时，再次强调：中华民族伟大复兴，需要以中华文化发展繁荣为条件。

正因如此，我们应该对中华民族文化进行广阔、全面的检视。我们应该唤醒我们民族的集体记忆，复兴我们民族的伟大精神，发展和繁荣中华民族的优秀文化，为我们民族在强国之路上阔步前行创设先决条件。实现民族文化的复兴，必须传承中华文化的优秀传统。现代的中国人，特别是年轻人，对传统文化十分感兴趣，蕴含感情。但当下也有人对具体典籍、历史事实不甚了解。比如，中国是书法大国，谈起书法，有些人或许只知道些书法大家如王羲之、柳公权等的名字，知道《兰亭集序》

是千古书法珍品,仅此而已。

再如,我们都知道中国是闻名于世的瓷器大国,中国的瓷器令西方人叹为观止,中国也因此获得了“瓷器之国”(英语 china 的另一义即为瓷器)的美誉。然而关于瓷器的由来、形制的演变、纹饰的演化、烧制等瓷器文化的内涵,就知之甚少了。中国还是武术大国,然而国人的武术知识,或许更多来源于一部部精彩的武侠影视作品,对于真正的武术文化,我们也难以窥其堂奥。我国还是崇尚玉文化的国度,我们的祖先发现了这种“温润而有光泽的美石”,并赋予了这种冰冷的自然物鲜活的生命力和文化性格,如“君子当温润如玉”,女子应“冰清玉洁”“守身如玉”;“玉有五德”,即“仁”“义”“智”“勇”“洁”;等等。今天,熟悉这些玉文化内涵的国人也为数不多了。

也许正有鉴于此,有忧于此,近年来,已有不少有志之士开始了复兴中国传统文化的努力之路,读经热开始风靡海峡两岸,不少孩童以至成人开始重拾经典,在故纸旧书中品味古人的智慧,发现古文化历久弥新的魅力。电视讲坛里一拨又一拨对古文化的讲述,也吸引着数以万计的人,重新审视古文化的价值。现在放在读者面前的这套“中国传统民俗文化”丛书,也是这一努力的又一体现。我们现在确实应注重研究成果的学术价值和应用价值,充分发挥其认识世界、传承文化、创新理论、资政育人的重要作用。

中国的传统文化内容博大,体系庞杂,该如何下手,如何呈现?这套丛书处理得可谓系统性强,别具匠心。编者分别按物质文化、制度文化、精神文化等方面来分门别类地进行组织编写,例如,在物质文化的层面,就有纺织与印染、中国古代酒具、中国古代农具、中国古代青铜器、中国古代钱币、中国古代木雕、中国古代建筑、中国古代砖瓦、中国古代玉器、中国古代陶器、中国古代漆器、中国古代桥梁等;在精神文化的层面,就有中国古代书法、中国古代绘画、中国古代音乐、中国古代艺术、中国古代篆刻、中国古代家训、中国古代戏曲、中国古代版画等;在制度文化的层面，就有中国古代科举、中国古代官制、中国古代教育、中国古代军队、中国古代法律等。

此外，在历史的发展长河中，中国各行各业还涌现出一大批杰出人物，至今闪耀着夺目的光辉，以启迪后人，示范来者。对此，这套丛书也给予了应有的重视，中国古代名将、中国古代名相、中国古代名帝、中国古代文人、中国古代高僧等，就是这方面的体现。

生活在21世纪的我们，或许对古人的生活颇感兴趣，他们的吃穿住用如何，如何过节，如何安排婚丧嫁娶，如何交通出行，孩子如何玩耍等，这些饶有兴趣的内容，这套"中国传统民俗文化"丛书都有所涉猎。如中国古代婚姻、中国古代丧葬、中国古代节日、中国古代民俗、中国古代礼仪、中国古代饮食、中国古代交通、中国古代家具、中国古代玩具等，这些书籍介绍的都是人们颇感兴趣、平时却无从知晓的内容。

在经济生活的层面，这套丛书安排了中国古代农业、中国古代经济、中国古代贸易、中国古代水利、中国古代赋税等内容，足以勾勒出古代人经济生活的主要内容，让今人得以窥见自己祖先的经济生活情状。

在物质遗存方面，这套丛书则选择了中国古镇、中国古代楼阁、中国古代寺庙、中国古代陵墓、中国古塔、中国古代战场、中国古村落、中国古代宫殿、中国古代城墙等内容。相信读罢这些书，喜欢中国古代物质遗存的读者，已经能掌握这一领域的大多数知识了。

除了上述内容外，其实还有很多难以归类却饶有兴趣的内容，如中国古代乞丐这样的社会史内容，也许有助于我们深入了解这些古代社会底层民众的真实生活情状，走出武侠小说家加诸他们身上的虚幻的丐帮色彩，还原他们的本来面目，加深我们对历史真实性的了解。继承和发扬中华民族几千年创造的优秀文化和民族精神是我们责无旁贷的历史责任。

不难看出，单就内容所涵盖的范围广度来说，有物质遗产，有非物质遗产，还有国粹。这套丛书无疑当得起"中国传统文化的百科全书"的美誉。这套丛书还邀约大批相关的专家、教授参与并指导了稿件的编写工作。应当指出的是,这套丛书在写作过程中,既钩稽、爬梳大量古代文化文献典籍,又参照近人与今人的研究成果,将宏观把握与微观考察相结合。在论述、阐释中,既注意重点突出,又着重于论证层次清晰,从多角度、多层面对文化现象与发展加以考察。这套丛书的出版,有助于我们走进古人的世界,了解他们的生活,去回望我们来时的路。学史使人明智,历史的回眸,有助于我们汲取古人的智慧,借历史的明灯,照亮未来的路,为我们中华民族的伟大崛起添砖加瓦。

是为序。

傅璇琮

2014年2月8日

前　言

在世界古代文明中，中华文明是唯一起源既早，成就又大，虽有起伏跌宕，却始终没有中断过的文明。中华文明能够源远流长的基础正是由于它拥有发达的传统农业。

中国是世界农业起源中心之一。中国农业在其发展过程中有一系列重大发明创造，形成了独特的生产结构、地区布局和技术体系，在农艺水平和单位面积产量等方面居于古代世界的最前列，它的技术成就对世界农业的发展有着深远影响。中国农业土地利用率很高，而且几千年地力不衰，它养活了并继续养活着世界上人口最多的国家，被外国人视为奇迹。

农业是人类的基础生产部门，社会的存在和文化的发展，都是立足于稳固的农业基础之上的。一个国家、一个民族，只有在其本身农业保持长盛不衰，或者能够从外部取得可靠的农产品供应时，其文化和历史才能持续发展；如果农业衰落或中断了，其文化和历史就难以为继。

中国古代发达的、具有强大生命的农业，正是中华文化得以持续发展的最深厚的根基，也是中华文明火炬长明不灭的主要原因之一。

当前，传统农业作为农业发展的一种历史形态，已经落后于时代。用现代科学和现代装备改造我国农业，实现从传统农业向现代农业的过渡，是我国社会主义建设的重要任务。但是，我国农业精耕细作传统中所凝结的我国历代劳动人民对我国自然条件的深刻认识，并没有因为社会制度的变化和物质装备的改进而过时。以集约经营、提高土地生产率和利用率为目标的精耕细作技术，在现代社会依旧有着重大意义。而且，它比较注意农业生产的总体，比较注重适应和利用农业生态系统中农业生物、自然环境等各种因素的相互依存和相互制约的关系，比较符合农业的本性，在一定意义上代表了农业发展的方向。在西方现代农业环境污染、水土流失、能量投入与产业化下降等弊端逐渐暴露的情况下，不少人希望从中国的传统经验中寻找解决问题的途径。可见，在中国农业现代化过程中，精耕细作的优良传统仍然是具有强大的生命力的。

由此看来，无论是研究中华古代文明，还是探索中国农业现代化的道路，都必须对中国传统农业和传统农业科学技术有所了解。

“多元交汇、精耕细作”是中国古代农业的主要特点，也是中国古代农业强大生命力的源泉。《中国古代农业》一书以此为中心，全面勾画我国传统农业的发展历史和传统农学的独特体系。

目录

第一章　独树一帜的中国古代农业

第二章　日新月异的农业科技

第一章 独树一帜的中国古代农业

农业可分为原始农业、传统农业、现代农业等依次演进的不同历史形态。占重要地位的木石农具、砍伐农具、刀耕火种、撂荒耕作制等，是原始农业生产工具和生产技术的主要特点。传统农业以使用畜力牵引或人工操作的金属农具为标志，生产技术建立在直观经验基础上。我国在公元前2000多年前的虞夏之际进入阶级社会，黄河流域也就逐步从原始农业过渡到传统农业。从那时起，我国的传统农业一直延续到近代，至今我国仍处于由传统农业向现代农业的转化之中。

在漫长的传统农业时代，农业生产力是在不断发展变化的。根据传统农业生产力发展的不同状况，我国传统农业时代可以划分为从虞夏到春秋、从战国到南北朝、从隋到元和明清这四个发展阶段。

第一节 自成体系的原始农业

中国是世界农业起源中心之一。中国古代农业独立发展，自成体系。8000~7000年前，中国的农业已相当发达，中国农业的起源甚至可追溯到10000年以前。

中国农业的起源

我国数以千计的新石器时代遗址，绝大多数呈现以种植业为主的综合经济面貌，其中以被称作“中华民族文化摇篮”的黄河、长江流域遗址最为典型。只有部分遗址中狩猎或捕捞长期占有重要或主要的地位，但能确定以畜牧业为主的遗址却绝无仅有，并且其出现的时间较晚。综观我国的原始农业遗址，种植业和畜牧业是从采猎经济中直接产生的。在原始农业所包含的种植业、畜牧业和采猎业三种经济成分的变动中，总的趋势是农牧业的比重由小到大，采猎业的比重由大到小。另外，农牧业的比重虽然都在上升，但种植业在相当一段时间内上升速度要比畜牧业快得多。当种植业已成为主要生产部门时，畜牧业在生产结构中的地位却依旧处于采猎业之后。而后，随着农业生产的继续发展，畜牧业的地位才逐步上升，以至超过了采猎业。由此可见，在整个原始农业经济的发展中，畜牧业是新生的、发展中的经济成分，其发展在一定程度上依赖于种植业；而采猎业则是历史上遗留下来的、走向衰落的经济成分。

在我国的古代传说中，有“构木为巢，以避群害”“昼拾橡栗，夜栖树上”的“有巢氏”，有“钻燧取火，以化腥臊”“教民以渔”的“燧人氏”，

有“作结绳以为网罟，以佃以渔”和“教民以猎”的“包牺氏”。包牺氏以后出现了“神农氏”，据传是神农氏发明了农业。据有关文献资料的记载，在神农氏之前，人们吃的是“行虫走兽、木实蠃蜕（螺蚌）”。但随着人口的逐渐增加，食物的供给渐渐显得不足，人们迫切需要开辟新的食物来源。为此，神农氏备历艰辛，终于选择出可供人类食用的谷物。接着又观察天时、地利，创制斧斤、耒耜，教导人民种植谷物，农业就这样产生了。神农氏不仅发明了农业，而且发明了医药。除此之外，在神农氏时代，人们还懂得了制陶和纺织。所谓有巢氏、燧人氏和包牺氏，代表了我国原始时代采猎经济由低级向高级依次发展的几个阶段，神农氏则是我国原始农业整个时代的发生和确立的反映。从有关传说可以清晰地看到，我们的祖先是在采猎经济的发展中为了开辟新的食物来源而发明农业的。

传说神农氏开创了古代农业

从现在世界上尚存的一些尚处于原始农业时代的民族的情况看，农业发生之初一般要先经历“刀耕农业”的阶段。这时人们选择山林为耕地，把树木砍倒晒干后烧掉，不经翻土直接播种。这种地只种一年就要抛荒，因而要年年另觅新地依法砍烧，这叫“生荒耕作制”。这一时期的农具，只有砍伐林木用的刀斧和挖坑点种用的尖头木棒，锄犁等翻土工具还没有出现。如清朝末年滇西北的“俅人”（独龙族），“虽间有俅牛，并不用之耕田，唯供口腹。农器亦无锄犁，所种之地，唯以刀伐木，纵火焚烧，用竹锥地成眼，点种苞谷”。与生荒耕作制相对应，人们过着迁移不定的生活。这种情形也与当时的生产结构有关，因为当时种植业刚产生不久，尚未能在整个经济中占据主导地位，人们的生活资料来源，在很大程度上还主要依赖于采猎。

随着原始农业的继续发展，人们逐渐制造了锄、铲一类的翻土工具，懂得播种前先把土壤翻松。这样，一块林地砍烧后就可以种植若干年再行抛荒，

这叫“熟荒耕作制”。这时农业技术的重点已由林木砍烧转移到土地加工上来。与此相对应，人们也由迁移不定的状态过渡到相对稳定的状态，这时的人们开始进入“锄耕农业”阶段。在这一阶段，种植业已成为主要生产部门，畜牧业也有相应发展，而采猎业则逐渐变成辅助性的生产活动。处于刀耕农业阶段的民族一般还不懂得制陶；而处于锄耕农业阶段的民族，大多已能生产陶器。可见陶器是定居农业的产物，是原始农业出现与否及其发展程度高低的标志之一。

我国黄河流域在仰韶文化时代已进入熟荒耕作制阶段，但从仰韶文化、前仰韶文化诸遗址仍出土大量石斧的情况来看，在这之前我国农业应经历了一个以砍伐林木、清理耕地为首要任务的阶段。我国古史传说中有所谓的“烈山氏”，据说他的儿子名叫“柱”，能殖百谷百蔬，在夏以前被祀为农神——“稷”。所谓“烈山”就是放火烧荒，所谓“柱”就是挖坑点种的尖头木棒，它们代表了刀耕农业中两个相互衔接的主要作业，只不过这两种作业方式在传说中被拟人化了，统称为“烈山氏”。这也是我国远古时代确实经历过刀耕农业阶段所留下的证明。

在我国的南方，考古学家已经探寻到了一些刀耕农业的线索。如新石器时代早期的洞穴遗址，就很可能处于刀耕农业阶段。这些遗址没有出土大型翻土农具，但许多遗址都有磨光石斧和可以套在挖土棒上作为“重石”使用的穿孔砾石，而这些正是刀耕农业阶段的主要农具。有些遗址出土了可用于松土、除草或收割的穿孔蚌器和角锥等，这些则代表了翻土农具的萌芽。这些遗址迄今尚未发现禾谷类作物种子，但从当地自然条件和我国南方某些少数民族情形看，这里最初种植的作物可能是薯芋之类块根、块茎类作物，而它们是很难保存至今的。这些遗址拥有大量渔猎工具和采猎遗物，证明它们仍以采猎为主。有些遗址出现了陶器，则反映了这里的刀耕农业可能已向锄耕农业过渡了。后来在长江中游地区发现的新石器时代早期文化（包括彭头山文化、城背溪文化等），已有多处栽培稻遗存出土，农业工具中石斧多是锄、铲，打制石器逐渐让位于磨制石器，以采猎为主的经济逐渐让位于以种植业为主的经济，比较鲜明地反映了从刀耕农业向锄耕农业的过渡。

史实表明，我国农业起源可以追溯到距今10000年以前。

我国原始农业起源的地理环境

其实在世界上，原始农业最早起源于山区、丘陵或高地的边缘，而非人们所熟悉的河流两岸的冲积平原。从我国大量史料看，原始农业的发展也绝大多数是从山林到平坝，从旱地到水田。那么，我国远古时代的农业是否也起源于山地呢？

虽然考古学家们尚未在黄河流域发现处于刀耕阶段的山林农业遗址，但已知原始农业遗址的地理分布明显地呈现了从高地向低地发展的轨迹。距今8000—7000年的前仰韶文化的农业聚落，集中分布于太行山东麓（磁山文化）、伏牛山、熊耳山、嵩山山麓（裴李岗文化）、秦岭两侧及北山山系前缘（老官台文化）和秦沂山麓（北辛文化），大多数属岗丘遗址。距今7000～5000年的仰韶文化时期，农业聚落以前仰韶文化时期的几个山麓地带为基础，逐步向四周海拔较低的地区扩展，遗址一般分布在河流两旁，华北平原西部、南部一些相对较高的岗丘上也有分布，向西则达到黄河上游。距今5000年的龙山文化时期，农业聚落在华北平原上的分布更为广泛，遗址不但遍布平原的南部、西部，而且扩展到平原的中部，但平原北部地区仍是一片空旷。这是因为从龙山文化时期开始，黄河已大致相对稳定地注入渤海，而华北平原的北中部由于地势低洼，是黄河下游河道漫流的地区。上述情形说明：第一，黄河流域的农业是由较高的山区向低平的平原、盆地发展的，前仰韶文化的山前遗址正好是过渡环节；第二，无论仰韶文化或龙山文化遗址，大都是分布于黄河支流两岸的阶地或岗丘上，而当时黄河最易漫溢的华北平原北部却并没有发现这类遗址，这表明黄河流域的原始农业始终是一种旱地农业，与黄河的泛滥无关，不像西亚和北非的原始农业那样，较早由山地农业发展为大河冲积平原的灌溉农业。在我国的东北地区，如西辽河地区的农业遗址，从较早的红山文化到较晚的小河沿文化、夏家店下层文化，也呈现了从高处向低处发展的趋势。

仰韶文化遗址

在我国，较早出现了发达的稻作农业的地区是长江中下游，但河姆渡文化分布于邻近四明山区的山前平原。发现了距今9000年的稻作遗存的湘北、鄂西交界地区的彭头山文化，原来的自然地貌是山区与湖沼盆地间的低山丘陵区，属典型的山前地带。有人把湖北地区依次发展的原始农业遗址的地理环境做了比较，确认其发展趋势是从山地丘陵到河谷平原。在周代，长江下游是越族的聚居地，据《吴越春秋》记载，越国祖先无余开始农耕生活时，就曾经“随陆陵而耕种”。至于南方新石器时代早期的洞穴遗址，如果确实已进入刀耕农业阶段，那么这里新石器时代文化层直接叠压在旧石器时代文化层之上，正可视为原始农业起源于山地的证据。

中国原始农业的特点

从世界范围看，农业起源中心主要有三个：西南亚、中南美洲和东亚（主要是中国）。经过比较分析发现，中国原始农业具有与世界其他地区明显不同的特点。

1. 生产内容与结构不同

在种植业方面，中国原始农业很早就形成北方以粟黍为主、南方以水稻为主的格局，而西亚则是以种植小麦和大麦为主，中南美洲则是以种植马铃薯、倭瓜和玉米为主。在畜牧业方面，中国原始农业最早饲养的牲畜是狗、猪、鸡和水牛，以后增至所谓“六畜”，而西亚是以饲养绵羊和山羊为主，中南美洲则只饲养羊、驼。中国是世界上作物与畜禽最大的起源中心之一。与生产内容相联系的是生产结构。我国大多数地区的原始农业是从采集、渔猎经济中直接发展出来的，种植业处于核心地位，家畜饲养作为副业存在，随着种植业的发展而发展，同时又以采猎为生活资料补充来源，形成农牧采猎并存的结构。这种结构导致比较稳定的定居生活，与定居农业相适应，猪一直是主要家畜，较早出现圈养与放牧相结合的饲养方式，同时我国又是世界上最早养蚕缫丝的国家，我国的游牧部落的形成比较晚。

2. 使用的农具不同

我国原始农具是多种多样的。在各地的原始农业遗址中发现不少砍伐林木用的石斧、石锛，表明我国经历过“砍倒烧光”的农耕方式，这与世界其

他地区的农业发展情况相一致。但我国相当早就出现了以木、石、骨、蚌为原料的铲、锄、耒、耜等翻土工具，并长期使用，尤以耒耜最为突出。各地考古发现的石铲、骨铲、蚌镰等，实际上是耒耜的刃尖或刃片。原始社会晚期，长江下游等局部地区出现了石犁铧，但从总体看，远未能取代耒耜的地位。一个明显的事实是，世界不少地区原始农业的结束和传统农业的开始，是以利用畜力进行犁耕为标志的，而我国的先民则是带着耒耜进入文明时代的。我国原始农业最具特色的收获工具是种类复杂、分布广泛的石刀，它的主要功用在于摘取谷穗，与北方粟作农业的发展和影响有密切关系。

和世界其他地区一样，我国的原始农业是从山地向低地发展的，但以后在南方形成稻作水田农业，在黄河流域则始终是和大河泛滥无缘的旱地农业，这也与西亚、北非等地的原始农业不同。从我国原始农业情况看，它与西亚早期农业明显属于不同体系。我国距今 8000 ~ 7000 年农业已相当发达，农业起源可追溯到 10000 年以前，亦与西亚相伯仲。从黄河流域农业的演进看，我国的原始农业是从嵩山、太行山、秦岭、泰山等山麓地带向四周，包括西部黄河上游地区扩展。所有这些都说明：中国是独立发展、自成体系的世界农业起源中心之一。

第二节 奠定传统的夏商周农业

我国古代农业发展的第一阶段是夏、商、西周、春秋时期，这一时期是从原始农业向传统农业过渡的时期，也是精耕细作农业体系萌芽的时期。这一时期我国政治经济重心在黄河流域，沟洫农业是黄河流域农业的主要标志。淮河秦岭以北的黄河流域属暖温带干凉性气候，年降雨量 400 ~ 750 毫米，虽不算充裕，但集中于高温的夏秋之际，有利于作物生长。由于这个地区受季

风进退的影响很大，降雨量的年变化率很大，黄河又容易泛滥，因此经常是冬春苦旱，夏秋患涝。黄河流域绝大部分地区覆盖着原生的或次生的黄土，平原开阔，土层深厚，疏松肥沃，林木较稀，十分有利于原始条件下的垦耕。这种自然条件使黄河流域最早得到大规模开发，在相当长时期内是全国经济政治重心所在，同时也决定这里的农业属于旱地农业的类型，是从种植粟黍等耐旱作物开始的，防旱保墒一直是农业技术的中心。

出现了耒耜与青铜农具

从夏到春秋，我国农业仍保留了从原始农业脱胎而来的明显印痕，木质耒耜的广泛使用就是突出表现之一。

耒耜起源于传说中的神农氏时代。最初的耒是在点种用的尖头木棒下安装一根踏脚横木而成，后来又出现了双尖耒。如果尖头改成平刃，或安上石、骨、蚌质的刃片，就成了耜。很多史前考古所发现的“石铲”“骨铲”其实都是不同质料的耜。我国的锄耕农业是以使用耒耜为特色的，因为这种手推足踩直插式翻土工具，很适合在土层深厚疏松、呈垂直柱状节理的黄土地区使用。早在原始锄耕农业阶段，我国先民就在黄河流域用耒耜垦辟了相当规模的农田。如磁山遗址存粮斤数以十万计，这表明当时肯定有千亩以上的农田。仰韶文化、龙山文化农田面积应当更大。这已不是在居住地附近小打小闹的园篱农业，而属于田野农业了。这就是说，我国是在使用耒耜的条件下发展了田野农业，并由此奠定了进入文明时代的物质基础。

夏至春秋是我国考古学上的青铜时代。青铜是铜和锡的合金，用它制造的工具比用石制造的工具更加坚硬、锋利、轻巧。青铜工具的出现是生产力发展史上的一次革命。这一时期，人们的主要手工工具和武器都是用青铜制作的。在农业生产领域，青铜也获得日益广泛的应用。商代遗址中已有铸造青铜的作坊，并出土了镬范，表明青铜镬已批量生产。镬类似镐，是一种横斫式的翻土农具，用于开垦荒地，挖除根株。周人重中耕，中耕农具也是青铜制作的。《诗经》中记载中耕用的“钱”和“鎛”，即青铜铲和青铜锄。随着青铜铲和青铜锄的使用日益广泛，它们逐渐被用作交换中的等价物，并且演变为我国最早的金属铸币。青铜镰出现的也很早。还有一种由石刀演变而来，用于掐割谷穗的青铜爪镰，这就是《诗经》中提到的“艾”和“铚”。

不过当时石镰、石刀、蚌镰等仍大量使用，而且延续时间颇长。至于翻土、播种、挖沟，仍然主要使用耒耜。周代耒耜已有安上青铜刃套的，但数量不多，基本上还是木质的。在反映周代手工业生产情况的《考工记》中，青铜农具生产由“段氏”掌管，木质耒耜制作则由“车人”掌管。在殷周时代，木质耒耜的使用甚至比前代有所增加。这是因为在已经使用青铜斧锛等工具的条件下，可以生产出比以前更多更好的木质耒耜来。总之，青铜工具已日益在农业生产中占居主导地位，但由于青铜在坚硬程度和原料来源等方面均不如铁，它没有也不可能在农业生产领域完全取代木石农具。

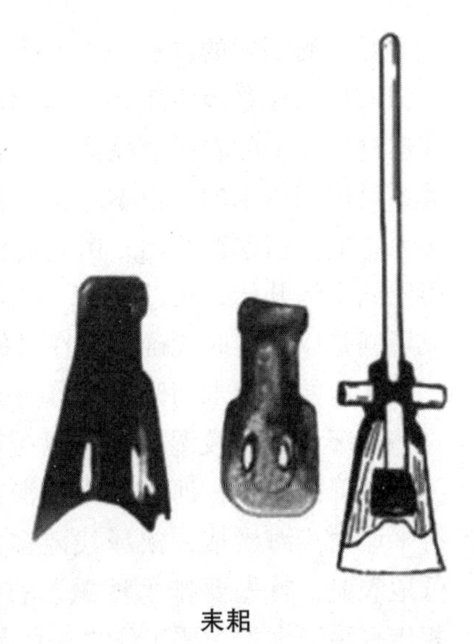

耒耜

我国上古农业史有一个重要特点，耒耜一直是铁器时代到来前的主要耕具。在进入铁器时代以后，耒耜仍以变化了的形式继续在农业生产中发挥重要作用。铁器时代的耒耜已被广泛地安上金属刃套，刃部加宽，器肩能供踏足之用，原来踏足横木取消，耒耜就发展为锸，这就是直到现在还在使用的铁锹的雏形。把耒耜的手推足踩上下运动的启土方式改变为前曳后推水平运动的启土方式，耒耜就逐步发展为犁。由于犁是从耒耜发展而来的，在相当长时期内还沿袭着旧名。如唐代陆龟蒙的《耒耜经》，实际上就是讲犁的。

以沟洫为标志的农业体系

先秦时代的《周礼》中，记载了完整的农田沟洫系统。沟洫是从田间小沟洫开始，以下依次叫“遂、沟、洫、浍”，纵横交错，逐级加宽加深，最后通于河川。与沟洫系统相配合的有相应的道路系统，沟洫和道路把田野划分为一块块面积百亩的方田，用来分配给农民做份地，这就是“井田制”。井田制在战国以后便消失了，这是由于地主土地私有制下土地兼并发展的结果，使得富者田连阡陌，贫者无立锥之地。在这种情况下，人们眷念、向往以至企图恢复这种人人有田耕、家家不忧贫的沟洫井田制，但都没有成功。近代

学者对沟洫制度的看法莫衷一是、仁者见仁、智者见智。一些人认定《周礼》所记农田沟洫是灌溉渠系，是后人编造的乌托邦，认为战国以前根本不可能建造这样完备的农田灌溉渠系。后来的研究证明，《周礼》所设计的农田沟洫体系是用于排水的，根本不同于战国以后的农田灌溉渠系。因为用于灌溉的渠系，应从引水源开始，由高而低，把水引到田面。《周礼》所载恰恰相反，由田间小沟开始，由浅到深，由窄到宽，汇于河川。因此，农田沟洫体系毫无疑问是以上古时代确实存在过的沟洫制度为原型的。

从原始社会末期开始，黄河流域的居民逐步向比较低平的地区发展农业。这些地区土壤比较湿润，可以缓解干旱的威胁，但面临一系列新的问题。黄河流域降雨集中，河流经常泛滥，平原坡降小，排水不畅，尤其是黄河中下游平原由浅海淤成，沼泽浅滩多，地下水位高，内涝盐碱相当严重。要发展低地农业，首先要排水洗碱，农田沟洫体系正是为适应这种要求而出现的。相传夏禹治水的主要工作之一就是修建农田沟洫，把田间积水排到川泽中去，在此基础上恢复和发展低地农业。商周时期也很重视这一工作，当时常常“疆理”土地，即划分井田疆界，它包含了修建农田沟洫体系的内容，每年还要进行检查维修。由于农田沟洫的普遍存在，我国上古农田被称作“畎亩”，也是农田沟洫普遍存在的反映。“畎”（田间小沟）是沟洫系统的基础，修畎时挖出的土堆在田面上形成一条条长垄，就叫作“亩”，庄稼就种在亩上。“畎亩”是当时农田的基本形式，故成为农田代称，这是一种垄作形式的旱地农业，而不是灌溉农业。

农田沟洫是我国古代的农业技术体系的核心和基础，它并不是孤立存在的。例如，我国古代很重视中耕——包括作物生长期间在行间间苗、除草、松土和培壅等工作，外国人有称我国农业为“中耕农业”的。中耕在甲骨文中已有反映，周代记载更多。周王每年要在籍田中举行“耨（除草）礼”，还出现了专用的中耕农具“钱”和“爊”。条播是中耕的前提。根据《诗经》记载，条播可追溯到周族始祖“弃”生活的虞夏之际。而中耕和条播都是以农田的畎亩结构为基础的。因为作物种在“亩”（长垄）上，为

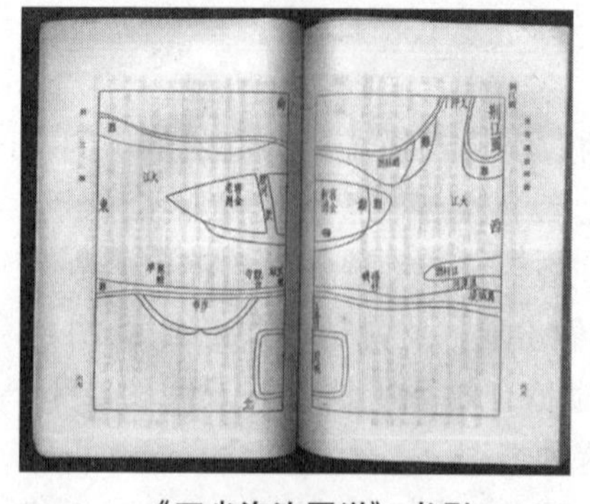
《五省沟洫图说》书影

条播和中耕创造了必要的条件。人们花了那么大的力气修建了农田沟洫，自然不会轻易抛荒，这就促进了休闲制代替撂荒制。《周礼》中有“一易之田”和“再易之田”，即种一年休一年和种一年休两年的田。《诗经》等文献中有“縿”“新”“畬”等农田名称，縿是休闲田，新和畬分别是开种第一年和第二年的田，三年一循环。

耦耕的起源也和农田沟洫制度有关，它是一种以两人为一组实行的简单的协作方式，也是我国上古普遍实行的农业劳动方式。当时的主要耕具，无论是尖锥式的耒，还是刃部较窄的平刃式的耜，由于手足并用，入土较易，但要单独翻起较大土块却有困难。解决的办法是两人以上多耜（耒）并耕。不过在挖掘沟畎时，人多了又会相互挤碰，而两人合作最合适，由此形成耦耕的习惯。

可以说，从虞夏到春秋，我国黄河流域农业体系是以沟洫制为主要标志的沟洫农业。在沟洫农业的形式下，耕地整治、土壤改良、作物布局、良种选育、农时掌握、除虫除草等技术都有初步发展，精耕细作技术也已经开始萌芽。

井田制和沟洫制是互为表里的。耒耜、沟洫、井田“三位一体”，是我国上古农业的重要特点，也是我国上古文明的重要特点。

五谷的形成与发展

在农业发生之初，人们往往把多种作物混种在一起，进行栽培试验，故有“百谷百蔬”之称。然后，逐步淘汰了产量较低、品质较劣的作物，相对集中地种植若干种产量较高、质量较优的作物，于是形成了“五谷”“九谷”等概念。我国先秦时代主要粮食作物是粟（亦称稷）、黍、大豆（古称“菽”）、小麦、大麦、水稻和大麻（古称“麻”），以后历朝的粮食种类和构成都是在这一基础上发展变化的。

粟、黍作为黄河流域及至全国最主要的粮食作物，一直持续到商周时期。它们是华夏族先民从当地的狗尾草和野生黍驯化而来的。粟、黍抗旱力强，生长期短，播种适期长，耐高温，对黄河流域春旱多风、夏热冬寒的自然条件有天然的适应性，它们被当地居民首先种植不是偶然的。上述特点黍更为突出，最适合作新开荒地的先锋作物，又是酿酒的好原料。在甲骨文和《诗经》中，黍、粟出现次数很多。春秋战国后，生荒地减少，黍在粮食作物中的地位下降，但仍然是北部、西部地区居民的主要植物性粮食。粟，俗称“谷子”，脱了壳的叫“小米”。粟中黏的叫“秫”，可以酿酒。粱是粟中品质较好的，是贵族富豪食用的高级粮食。粟营养价值高，有坚硬外壳，防虫防潮，可储藏几十年而不坏。从原始农业时代中期起，粟就居于粮作的首位，在北方是最为大众化的粮食。粟的别名“稷”，用以称呼农神和农官，而“社（土地神）稷”则成为国家的代称。粟的这种地位一直保持至唐代。

在南方，人们的主粮是水稻，它是南方越族系先民最先从野生稻驯化而来的。原始社会晚期，水稻种植扩展到黄河、渭水南岸及稍北。相传大禹治水后，曾有组织地在卑湿地区推广种稻。

中国是世界公认的栽培大豆的起源地，现今世界各地栽培的大豆，都是直接或间接从我国引进的，这些国家对大豆的称呼，几乎都保留了我国大豆古名“菽”的语音。根据《诗经》等文献记载，我国中原地区原始社会晚期已种大豆。已知最早的栽培大豆遗存发现于吉林永吉县距今2500年的大海猛遗址。大豆含丰富的蛋白质、脂肪、维生素和矿物质，被誉为“植物肉”，对肉食较少的农区人民的健康有重大意义。

小麦和大麦是我国从西亚引进的作物。我国古代禾谷类作物都从禾旁，唯麦从来旁。小麦最早就叫“来”，因系引进，故甲骨文中的“来”字亦表

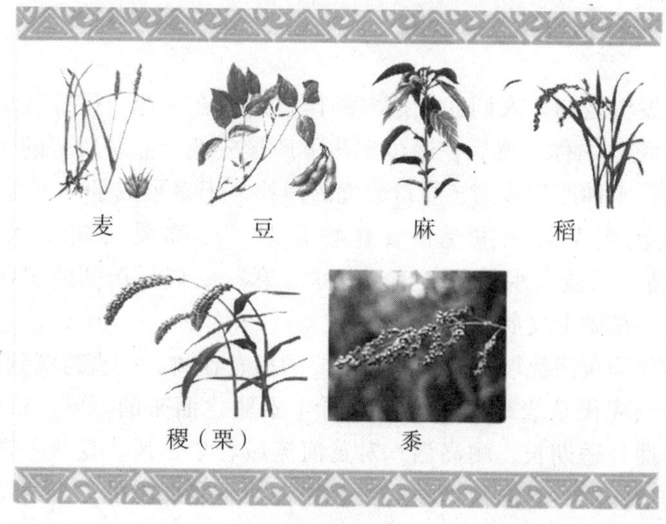

五谷的出现

示“行来”的意义，于是在“来”字下加足作为小麦名称，形成现在的“麦”字。小麦很可能是通过新疆河湟传入中原的。在新疆孔雀河畔的古墓沟遗址，发现了距今3800年的小麦遗存，近年甘肃民乐东灰山更出土了距今5000余年的麦作遗存。有关文献表明，西方羌族有种食麦的传统，周族在其先祖后稷时已种麦，可能出自羌人的传授。但小麦传进中原后却在东部地区发展较快。

中国华北是大麻的起源地，目前黄河流域已出土原始社会晚期的大麻籽和大麻布。“麻”字始见于金文。《诗经》等古籍中有不少关于“麻”的记载，并区分其雌雄植株：雌麻称“苴”，其子称“蕡”，可供食用，列于“五谷”；雄麻称“枲”，其表皮充当衣着原料。

在仰韶文化时代中国就已经开始种植蔬菜，甘肃秦安大地湾遗址出土了油菜（古称“芸”或“芸苔”）种子，陕西西安半坡遗址出土了十字花科芸苔属蔬菜种籽，郑州大河村遗址出土了莲子，浙江河姆渡遗址则出土了葫芦籽。《诗经》记载的蔬菜种类不少，可确定为人工栽培的有韭、瓜（甜瓜）和瓠（葫芦）。稍后见于记载的有葵（冬苋菜）、笋（竹笋）、蒜和分别从北方和南方民族传入的葱和姜。

蔬菜和果树最初是被当作谷物的补充而存在的，因此它们最初或者和谷物混种在一起，或者种于大田疆畔、住宅周边。商周时代，逐渐出现了不同于大田的园圃。园圃的形成有两条途径。其一，从囿分化出来。上古时期，人们把一定范围的土地圈围起来，保护和繁殖其中的草木鸟兽，这就是囿，有点类似现在的自然保护区。在囿中的一定地段，可能种有某些蔬菜和果树。最初是为了保护草木鸟兽，而后逐渐发展为专门种植。其二，从大田中分化出来。如西周有些耕地春夏种蔬菜，秋收后修筑坚实作晒场。春秋时代形成独立的园圃业，这时园圃经营的内容与后世园艺业相仿，种蔬菜和果树，也往往种一些经济林木。

商周时期的种植业已经相当发达，开始以粮食生产为中心。甲骨文中有仓字和廪字，商人嗜酒成癖，周人认为这是他们亡国的重要原因，可见有相当数量剩余粮食可供其挥霍。《诗经》中有不少农业丰收的描述，贵族领主们在公田上收获的粮食堆积如山。不过，在当时木石农具与青铜农具并用的条件下，耕地的垦辟、种植业的发展毕竟有很大的局限性。当时的耕地主要集中在各自孤立的都邑的周围，稍远一点的地方就是荒野，可以充当牧场，所以畜牧业大有发展地盘。而未经垦辟的山林川泽还很多，从而形成这一时期特有的生产部门——虞衡。

六畜的形成与发展

中国向来有“五谷六畜”之说，“六畜”之说最先是从春秋时期兴起的。“六畜”的含义比较明确，指马、牛、羊、猪、狗、鸡。这里的“畜”，也就是家养的意思。它们在我国新石器时代均已出现，在商代甲骨文中，表示六畜的字已经齐全。据近人研究，六畜的野生祖先绝大多数在我国本土可以找到，说明它们是我国先民独立驯化的。

我国是世界上最早养猪的国家。在新石器时代遗址出土的家畜遗骨中，猪占绝对优势。从那时起，猪一直是我国农区的主要家畜，这是和定居农业相适应的。在农区，不论地主农民，几乎家家养猪。汉字的“家”从“宀”从“豕”，豕即猪。羊也是中原农区重要肉畜。原来居住在青海甘肃一带的羌人，很早就形成以羊为主的畜牧经济，因而被称为“西戎牧羊人”。人类最初饲养马和牛也是为了有肉可吃，后在中原地区牛马转为役用。传说在黄帝时代，“服牛乘马，引重致远”，这里的“乘”不是骑，而是驾车。中国大概是最早用马驾车的国家。商周时代打仗、行猎、出游都用马车。狗最初是作为

六畜

人类狩猎的助手而出现的，它也是人类最早饲养的家畜。进入农业社会以后，狗除继续用于狩猎和守卫以外，也是人类肉食来源之一。鸡是我国人民最早饲养的家禽。以前人们认为家鸡起源于印度，但磁山遗址出土的家鸡遗骨比印度早得多，家鸡的野生祖先原鸡在我国广泛分布，因此，中国无疑是世界上最早养鸡的国家。养鸡最初可能是为了报晓。磁山遗址家鸡多为雄性，甲骨文中的"鸡"字是雄鸡打鸣时头颈部的特写。但鸡很快成为常用的、供食用的家禽，农民养鸡甚至比养猪更普遍。鸭和鹅是从野鸭（古称"凫"）和雁驯化而来的，又称"舒凫"和"舒雁"，我国人工饲养的时间不晚于商周。鸡、鸭、鹅合称"三鸟"，是我国人民肉蛋的主要来源之一。

畜牧业在商周时期就已经很发达了。商人祭祀鬼神用牲，少者数头，多者动辄上百上千。周人牧群数量也相当可观。进入春秋后，畜牧业继续在发展，尤其是各国竞相养马，兵车数量迅速增加。

蚕织与渔猎的由来

世界上最先养蚕缫丝的国家是中国，并且中国在相当长的一段时间内在这方面独领风骚。世界上许多国家最初的蚕种和养蚕技术，都是由中国传去的。野蚕本是桑树的害虫，原始人大概是在采食野蚕蛹过程中发现蚕丝是优质纤维，逐渐从采集利用到人工饲养，把野蚕驯化为家蚕。在这前后又开始了桑树的人工栽培。据古史传说，我国养蚕始于黄帝时代，据说黄帝元妃嫘祖教民养蚕。距今5000年左右的河北正定南阳庄遗址出土了仿家蚕蛹的陶蚕蛹，距今4700年的浙江吴兴钱山漾遗址则出土了一批相当精致的丝织品——绢片、丝带和丝线。从目前研究看，家蚕驯化很可能是距今5000年前黄河流域、长江流域等若干地区的原始居民同时或先后完成的。从《诗经》《左传》等文献看，先秦时代蚕桑生产已遍及黄河中下游。人们不但在宅旁、园圃栽桑，而且栽种成片的桑田和桑林。随着蚕桑生产的发展，丝织品的种类也越来越多。在棉花传到长江流域和黄河流域以前，蚕桑是我国最重要的衣着原料，蚕丝织物是农牧区经济交流和对外贸易的重要物资。蚕桑成为我国古代农业中仅次于谷物种植业的重要生产项目。

夏、商、西周时代，农业经济领域依旧存在着渔猎采集。甲骨文中有关田猎的卜辞和刻辞记事约占全部甲骨文的1/4。

商代的田猎具有开发土地、垦辟农田、保护庄稼、补充部分生活资料和军事训练等多方面作用。当时还有许多“草木畅茂、禽兽逼人”的未开发区，由于这些地区开发耕地通常是用“焚林而田”的方法，所以田猎和农业就这样被统一了起来。周代，未经垦辟的山林川泽蕴藏的丰富的野生动植物资源，仍然是人们生活资料与生产资料不可缺少的来源之一，不过取得这些资料的方式已经区别于原始农业时代掠夺式的采集和狩猎了。周代规定了若干保护山林川泽自然资源的禁令，如只允许在一定时期内在山林川泽樵采渔猎，禁止在野生动植物孕育萌发和幼小时采猎，禁止竭泽而渔、焚林而狩，等等。甚至还设官管理，负责向利用山林川泽的老百姓收税，或组织奴隶仆役生产。这种官吏，称为“虞”或“衡”；而以对山林川泽自然资源的保护利用为内容和特点的生产活动，也称为“虞衡”。

第三节 全方位发展的战国、南北朝农业

战国、秦汉、魏晋南北朝是我国传统农业发展的第二阶段。在这个阶段，铁器牛耕的推广，改变了整个社会经济的面貌，它和大型农田灌溉水利工程的兴建，标志着北方旱地农业精耕细作技术体系的形成，是该时期农业生产力新飞跃的主要标志，并促进了农业生产全方位的发展。这一时期，我国黄河流域的农业经济明显超过了南方地区，游牧民族在北方崛起，形成农耕文化区和游牧文化区分立和对峙的局面。魏晋南北朝时国家陷于分裂，原北方游牧民族纷纷进入中原，中原人口则大量南迁，加速了不同类型农业文化的交汇和民族融合的过程。黄河流域农业生产一度受到严重破坏，但农业生产力并没有倒退，精耕细作技术体系继续完善。南方农业生产和农业技术均有重大发展。从总体来看，该时期农业经济重心仍在黄河流域。

铁器时代的来临

铁器的出现，使农业生产得到了大幅度提升。中国什么时候正式进入铁器时代尚难确言，大约是西周晚期至春秋中期这一段时间。我国块炼铁和铸铁几乎是同时出现的。到春秋战国之际，我国已掌握生产可锻铸铁和块炼渗碳钢的技术，欧美地区是在2000年以后才掌握了这门技术。铸铁，尤其是增强了强度和韧性的可锻铸铁的出现，有着十分重大的意义，它使生铁广泛用作生产工具成为可能，大大增强了铁器的使用寿命。我国用铁铸农器大体始于春秋中期或稍前，到了战国中期，铁农具已在黄河中下游普及开来。从青铜器出现以来，金属耕具代替木石耕具的过程终于完成了。铁器的使用，使农业劳动生产率大大提高，农业劳动者的个体独立性大大加强，两人协作的耦耕不再必要，井田制由此逐步崩坏，封建地主制由此逐步形成，而这一制度由战国一直延续至近世。

古代牛耕图

虽然牛耕可能比铁器早出现，但它的普及却比铁器晚。根据甲骨文中“犁”字的形象，有人推断商代已有牛耕。但即使当时牛耕已经出现，犁具也一定很原始，根本不可能替代耒耜作为主要耕具的地位。春秋时已有牛耕的明确记载，有人还用“牛”与“耕”、“犁”等字相联系起名命字。不过，直到战国时代，牛耕还不是很普遍。目前，出土的战国时代的大量铁器中，铁犁的数量十分稀少，而且形制原始，没有犁壁，只能破土划沟，不能翻土作垄。大型铁铧犁的大批出土是在西汉中期以后。当时搜粟都尉赵过在总结群众经验的基础上推广带有犁壁的大型铁铧

犁，这种犁要用两头牛牵引，三个人驾驭，被称为耦犁。从此，铁犁牛耕才在黄河流域普及开来，并逐步推向全国。

从两汉到南北朝，除耕犁继续获得改进外，还出现与之配套的耱（或称“耢”）和耙。耱最初只是一块长板条，后来是把软木条缠在木架上，通过畜力牵引，用以碎土和平整，代替以前人工操作的木榔头。对付较大的坷垃则要用畜力耙。北方旱地使用的畜力耙是由两条带铁齿的木板相交组成的人字耙。西汉还出现专用播种机具耧犁（耧车），相传发明者是赵过。它的上方有一盛种用的方形木斗，下与三条中空而装有铁耧脚的木腿相连通。操作时耧脚破土开沟，种子随即通过木腿播进沟里，一人一牛，“日种一顷”，功效提高十几倍。这已是近代条播机的雏形，而西欧条播机的出现在1700年以后。飏扇，也就是风车，是汉代农具的另一重大发明。摇动风车中的叶形风扇，形成定向气流，利用它可以把比重不同的籽粒（重则沉）和秕壳（轻则飏）分开，这是一种十分巧妙的发明，比欧洲领先1400多年。谷物加工工具也有长足进步。东汉桓谭对此曾做作过这样的总结：“宓戏（包牺氏）制杵臼，万民以济，及后世加巧，因延力借身，重以践碓，而利十倍。杵臼又复设机关，用驴嬴（骡）牛马，及役水而舂，其利乃百倍。”（《新语》）杵臼是最原始的谷物加工方法之一，可能起源于采猎时代，而延续至农业时代。当时人们在地上挖浅坑，铺以兽皮，置采集的谷物于其中，用木棍舂捣，即所谓“断木为杵，掘地为臼”。直到近代，中国的一些少数民族仍有类似谷物加工法。后来用石臼代替地臼，然后又利用杠杆原理改手舂为脚踏，即桓谭所说的践碓（脚碓）。到了东汉已出现畜力碓和水碓了。晋代杜预对水碓作了改进，称为连机碓。王祯《农书》形容这种水碓是：“水轮翻转无朝暮，舂杵低昂间后先。”谷物加工工具的另一重大创造是石转磨。到魏晋南北朝则出现了畜力连磨和水力碾磨，这一时期还出现了新式提水灌溉农具翻车。总之，从战国到南北朝，尤其是两汉，是我国农具发展的黄金时代，传统农具的许多重大发明创造，都出现于这一时期。

大规模农田灌溉水利工程的兴建

兴建大规模的农田水利灌溉工程是战国时期以来我国农业生产力大发展的另一个重要标志。春秋战国以前，农田灌溉在黄河流域虽已零星出现，但

农田水利的重点始终在防洪排涝的沟洫工程上。进入战国时期后，由于农田内涝积水的状况在长期耕作过程中有了较大改变，耕地也因铁器牛耕的推广扩展到更大的范围，干旱再度成为农业生产中的主要矛盾。因此，发展农田灌溉也就成了当务之急。同时，铁器的使用和工具的改进又为大规模农田水利建设提供了物质基础。铁器成为最常用的兴修水利的工具，汉代还出现用于水利工程中挖沟的特大铁犁——浚犁。黄河流域大型农田灌溉渠系工程是从战国时开始出现的。最著名的是魏国西门豹在河内（今河南北部及河北西南隅）相继兴建和改进的漳水十二渠，以及韩国水工郑国在秦国关中平原北部建造的郑国渠。它们都使数以万顷计的“斥卤”（盐碱地）变成亩产一钟（六石四斗）的良田，后者还直接奠定了秦灭六国的基础。秦汉统一后，尤其是汉武帝时代，掀起了农田水利建设的新高潮，京城所在的关中地区尤为重点，使关中成为当时全国的首富之区。汉代还在河套地区、河西走廊和新疆等屯田地区发展大规模水利事业。曹魏时，海河流域和淮河流域水利开发有了较大的进展。

总之，我国华北地区农田水利的基础在汉魏时代已经奠定了。它对黄河流域农业发展起了很大的促进作用。随着农田灌溉的发生发展，出现了新的农田形式——畦。周围有高出田面的田区就是畦。这种农田形式在种植蔬菜而经常需要灌溉的园圃中最先被采用，后来推广至大田。随着牛耕的普及，平翻低畦农田终于取代了甽亩结构的农田，成为黄河流域主要的农田形式。这种农田形式便于灌溉，不过，由于华北水资源的限制，能灌溉的农田只是一小部分，旱作仍然是华北农业的主体。当地防旱保墒问题，很大程度上是靠土壤耕作措施来解决的。

精耕细作技术体系的形成

确立精耕细作技术体系是战国时期以来我国农业生产力大发展的第三个重要标志。如果说，这一技术体系战国以前开始萌芽，那么，从战国到南北朝，它已成形并得到系统的总结。精耕细作技术体系的形成主要表现在北方旱地的耕作栽培上。从战国起，连年种植的连种制代替休闲制成为主要种植方式，到魏晋南北朝时期形成丰富多彩的轮作倒茬方式。农业技术仍以防旱保墒为中心，形成耕—耙—耢—压—锄相结合的耕作体系，出现“代田法”

和“区田法”等特殊抗旱丰产栽培法。施肥改土开始受到重视。我国特有的传统品种选育技术亦已形成，并培育出不少适应不同栽培条件的品种。

农业生产全方位的发展

从战国到魏晋南北朝时期，我国的农业依旧是以谷物生产为中心。不过当时人们获取衣食等生活资料的手段实际上不止谷物生产一项，而是包括了农、林、牧、渔、副各项生产在内。与战国时期以前相比，该时期多种经营的内容发生了某些变化。《周礼》九职中属广义农业范畴的有“三农”、园圃、丝枲、薮牧、虞衡等。《管子》书中则往往五谷、六畜、桑麻并提，反映了它们是构成战国以后农业的三大支柱。采猎活动依然存在，但在大多数农区比重明显下降。到了汉代，虞衡已不是农业生产中的独立部门，而独立的林业和渔业则在虞衡中分化出来。在种植业方面，独立的大田经济作物已经出现，园圃业也有进一步的发展。农区中的每个经济单位，无论是地主或是农民，一般是既种粮又养畜，并视不同条件各有侧重地栽桑养蚕、种植麻类、染料、油料、蔬果、樵采捕捞，以至从事农副产品的加工。就是种植业也实行多作物、多品种的搭配。这时期的农业生产以自给生产为主，也包含了部分商品生产。

1. 园圃业的发展

战国时期之前，园圃业虽然已经和大田农业分离，但园圃业内部则依旧是园圃不分。秦汉时园和圃已各有其特定的生产内容。《说文》中有记载：“种菜曰圃”，“园，所以树果也”。当时除了地主和农民作为副业的园圃外，还出现了大规模的专业性园艺生产。《史记·货殖列传》说：“安邑（今山西夏县、运城一带）千树枣，燕、秦（今河北北部及陕西一带）千树栗，蜀、汉、江陵（今四川、陕西、湖北一带）千树橘……及名国万家之城，带郭……千亩姜韭，此其人皆与千户侯等。”《齐民要术》中也有瓜（甜瓜）、葵、芜菁等大规模商品生产的记载。

这个时期，栽培蔬菜的种类越来越多，并且有文献记载。据对《氾胜之书》《四民月令》《南都赋》的统计，汉代的栽培蔬菜有 21 种。《齐民要术》所载栽培蔬菜增至 35 种。新的蔬菜中相当一部分是从少数民族地区引进的，

如从西域引进胡瓜（黄瓜）、胡荽（香菜）、胡蒜（大蒜）、长豆角（豇豆）、豍豆（豌豆）和苜蓿等，从南方引进原产印度的茄子；一部分是从野菜演变而来的，如苦荬菜（苣）在先秦是采集对象，南北朝时已成栽培蔬菜“苣”了；一部分是从原已驯化的蔬菜中培育出来的新栽培种，如从“瓜”（甜瓜）中分化出越瓜（菜瓜），从芜菁中分化出菘（白菜）；一部分是从原粮食作物转变而来的，如芋是一种十分古老的块茎类粮食作物，可能原产于我国南方，明确的栽培记载始于《氾胜之书》，但《四民月令》、《南都赋》和《齐民要术》等文献已把它列为园圃作物。禾本科作物菰（苽）曾是古代“六谷”之一，明确的栽培记载始见于西晋葛洪的《西京杂记》，唐人还有喜欢吃菰米（雕胡）饭的。菰被黑粉菌所寄生，则不能结实，但茎的基部畸形发展，可形成滋味鲜美、营养丰富的菌瘿，这就是茭白。国外虽然也有收集菰米为食的，但他们并不会利用和栽培茭白。茭白的最早记载可追溯到先秦，《尔雅·释草》称为“蘧蔬”，晋代已成为江东名菜，至今仍为人们所喜爱。这一时期黄河流域的蔬菜主要有葵、芜菁、甜瓜、葫芦等。其中，香辛调味类蔬菜占较大比重。随着人工陂塘的建设及其综合利用，水生蔬菜莼、藕、菱等的人工栽培有所发展，其栽培方法在《齐民要术》中首次被记载下来。

中国的华北地区、华南及其毗邻地区以及南欧是世界上三个最大的果树原产地，由此可见我国栽培果树种类的繁富。以华北为中心的果树原产种群，包括许多重要的温带落叶果树，如桃、杏、中国李、枣、栗（以上合称“五果”）、中国梨和柿等，他们的驯化者当系华夏族先民。原产于我国南方的则是一些常绿果树，如柑橘、橙、柚、荔枝、龙眼、枇杷、梅、杨梅、橄榄、香蕉等，它们是我国南方各族所驯化的。新疆也是著名的瓜果之乡，是柰（绵苹果）、胡桃、新疆梨等的原产地，盛产葡萄和哈密瓜。上面谈到原产华北的各种果树，除秭（柿）始见于《礼记·内则》外，其他在《夏小正》《诗经》等先秦文献中均有明确记载。除少数个别外，大多数产于华南和新疆的果树是在秦汉帝国建立后，随着各地区、各民族农业文化交流的进一步开展，才逐步为中原人所知，见于载籍，以至在中原种植或运销。在南方水果中，最早被引种中原并获得成功的水果是梅，《诗经》中已有北方梅树的记载。柑橘很早就是百越族对中原王朝的贡品，《禹贡》谈到百越族活动的扬州“厥包橘柚锡贡”，东汉杨孚《异物志》也说：“交趾有橘官，岁主贡御橘。”位于长江流域的“蜀、汉、江陵”是汉代重要柑橘产区。由于南方柑橘的发展和运销北方，汉代出现了“民间厌橘柚”的情况。汉代的交趾（今两广地区和越南北部）每年向中央政府贡献荔枝、龙眼。广西合浦堂排二号汉墓出土了迄今最早的荔枝标本，说明岭南一带是当时中国（也是世界上）荔枝、龙眼的最重要产区。原产于地中海和里海的葡萄很早就在新疆安家，张骞通西域前后传到中原，很快获得推广，成为中原人喜爱的果品。番石榴、柰、新疆梨、胡桃等大体也是这一时期引入中原的。在《上林赋》《西京杂记》《齐民要术》等书中，载录了品类繁富的南北果品及其不同品种。

2. 独立林业经营的出现

战国时期以后，林业活动不再依附于虞衡业或园圃业。《淮南子·主术训》在谈到汉代农业生产内容时，特别提到“丘陵坂险不生五谷者，以树竹木”，表明林业已和五谷、六畜、桑麻等并列，成为农业生产的重要项目。从《四民月令》和西汉王褒《僮约》的记载来看，汉代地主除种植果木桑柘外，还种植竹、漆、桐、梓、松、梅、杂木等。而一般农户的生产活动也包含舍旁种树和上山砍柴等内容。经营大规模经济林木或用材林的林业经营业也已经出现。《史记·货殖列传》说：“山居千章之材……淮北常山以南、河济之间千树萩，陈夏千亩漆，齐鲁千亩桑麻，渭川千亩竹……此其人亦与千户侯等。”《齐民要术》总结了榆、白杨、棠、谷楮、漆、槐、柳、楸、梓、梧、柞和竹的栽植技术，并计算了商品性经营的利润。这些都表明林业已成为独立的生产部门。

中国古代经济林木的种类很多，其中较重要的有桑、漆和竹。漆可作涂料和入药。我国对漆树的利用可追溯到原始时代，浙江余姚河姆渡新石器时代遗址出土了迄今世界上最早的漆器。种漆树不晚于周代。战国时已有漆园，云梦睡虎地秦律中有关于漆园管理和奖惩的规定；汉代更出现了上千亩漆林的记载。中国以精美的漆器闻名于世。漆器另一重要生产国日本的漆树传自中国，时间不晚于公元 6 世纪。竹在古代人民的生活中发挥了很大作用，它不但被用以制造各种生活用具和生产工具，在纸发明以前还是主要书写材料。竹又可作箭杆、乐器，竹笋可供食用、入药，南方还有用竹纤维织布的，故历史上有“不可一日无此君”之说。我国古代南方盛产竹自不必说，自先秦至两汉，黄河流域也有不少野生、半野生或人工栽培的竹林与竹园。晋代出现了我国第一本专门性著作——《竹谱》。

畜牧业的发展

战国时期以后的畜牧业继续向前发展，其重要特点之一是以养马业为基干的大规模国营畜牧业的勃兴。战国以后，封建地主制经济逐步形成，并进而建立起中央集权的统一帝国；在北方则有以骑马为特征的强大游牧民族的崛起。战国时各国的战骑动辄以万计、十万计，对外可以对付北方的游牧人，对内可以加强统治。秦简记载了放牧马、牛、羊等官畜的责任制度、廪食标准和奖惩办法。对农民所授份地普遍征收刍稿，显然也是为了饲养官畜。当时“秦马之良，戎兵之众，探前趹后，蹄间三寻腾者，不可胜数”，这是秦灭六国的重要基础之一。秦国在统一天下后，设有专管车服舆马的太仆，位列九卿，下设六牧师令掌边郡养马。汉承秦制，西汉时“大仆牧师诸苑三十六所，分布北边西边，以郎为苑监，官奴婢三万人，养马四十万匹”。到了汉武帝时增至40万匹。除西北边郡设牧苑外，在京畿和内地的郡国，官牧也相当普遍。东汉时代西北边郡国营牧场缩小，但开辟了四川、云南的新牧场。魏、晋、南北朝少数民族政权统治下的北方官牧也颇发达。如北魏时的河西牧场，“畜产滋盛，马至二百余万匹，橐驼将半之，牛羊则无数”。后来又从这里抽调10万匹马，沿途徙牧到黄河以南，在河南孟县建立河阳牧场，以保卫京师洛阳。

这个时期的民营畜牧业依旧很发达，并依据条件的不同而有了不同的发展方向。贵族地主饲养着大量牲畜，如战国时齐国孟尝君有“厩马百乘”，孟子也谈到雇人放牧牛羊的地主。汉代地主一般有较大畜群，有的甚至“原马披山，牛羊满谷”。在商品经济发展的刺激下，部分地主走上了专营畜牧业的道路。如秦始皇时代的“乌氏（属北地郡，在今甘肃平凉境）倮”，“畜至用谷量马牛”。西汉初的班壹在楼烦（在今山西雁北地区）经营畜牧，“致马、牛、羊千群”，“以财雄边”。《史记·货殖列传》说：“陆地牧马二百蹄（50

古代战马壁画

匹)，牛蹄角千（160 多头），千足羊（250 只），泽中千足彘（350 头）……此其人皆与千户侯等。”这是对当时经营畜牧业盈利率的概括，自然也包括了地主兼营畜牧业，但主要是指专营畜牧业的情形。个体小农饲养畜禽也相当普遍。由于井田制破坏后，休闲制被连种制取代，农民没有固定的牧地，不可能大量养畜。农家畜禽除提供肉食外，主要提供农业生产所需肥料和动力，日益走上小规模经营、为农业生产服务的轨道。虽然如此，由于小农众多，集少成多，其养畜的总量是相当可观的。

民间畜牧业的发展并不是一帆风顺的。由于秦汉之际战争的破坏，汉初畜牧业生产一度呈现凋敝状态。为了扭转这种局面，政府实行鼓励民间畜牧业发展的政策，如景帝时实行养马一匹免除三人徭役的“马复令”。到了景帝末、武帝初，“众庶街巷有马，阡陌之间成群”，“牛马成群，农夫以马耕载，而民莫不骑乘”。在南北朝时，北方民间畜牧业更加发达，这从政府征发民间马、牛为赋税的制度中可见其梗概。如北魏泰常年间（416—423 年）规定：“调民二十户，输戎马一匹，大牛一头”，“六部民羊满百口，输戎马一匹”。而一些领民酋长，更是“牛羊驼马，色别为群，谷量而已”。

蚕桑业重心的确立

蚕桑业在这个时期有了很大的发展，到了战国时期，蚕桑业已成为个体农户最重要的生产项目之一。孟子理想的小农是：“五亩之宅，树之以桑，五十者可以衣帛矣。鸡豚狗彘之畜无失其时，七十者可以食肉矣。百亩之田，勿夺其时，数口之家，可以无饥矣。”从《四民月令》的记载来看，汉代地主不但使用“蚕妾”从事蚕业生产，而且在蚕事大忙季节要动员家中妇女、儿童全力以赴，并独自完成养蚕、缫丝、纺织、印染等全部生产过程。蚕桑和农耕一样，被政府视为国家的本业。自东汉末曹操创行租调制以来，绢帛丝绵和谷物一样是每个农户必须向政府缴纳的物品，反映了农民养蚕织绢的普遍和农桑并重、耕织结合的生产体制的进一步确立。这时期的蚕桑业不仅是为了纳赋和自用，还用于出售盈利。如战国、秦、汉时的山东地区就有经营上千亩桑田的。蚕丝织品不但是主要的衣被原料之一，而且是向北方游牧民族交换和对外贸易的最重要物资。西汉初年张骞通西域以后，从河西走廊、新疆通向西亚各国的“丝绸之路”更加繁忙，使中国的蚕丝产品享誉世界。

在这个时期，黄河流域是我国蚕桑业的生产重心，其中山东、河南、陕西、河北等省蚕桑业尤为发达。两汉政府为了满足宫廷对丝织品的需要，在临淄（今山东临淄）和襄邑（今河南睢阳西）设服官，首都长安则设东西织室。当时黄河流域桑林繁茂，东汉末曹操、袁绍军队都曾利用河南、河北等地的桑葚来充当粮食。北魏时，自河以北，大家收桑葚至百石，少的也有数十斛。在东汉末年以后的长期战乱中，黄河流域的蚕桑业虽受到破坏，但仍保持相当规模，并有所扩展，蚕桑生产和丝织技术最发达的地区开始向太行山以东的河北平原转移。西晋左思的《魏都赋》把清河（今河北清河）缣缌、房子（今河北高邑）绵纩、朝歌（今河南旧淇县北）罗绮和襄邑的锦绣相提并论。北魏政府每年从河北的冀定二州征收的绢达30万匹以上，时人谓“国之资储，唯藉河北”。北齐在定州和冀州设绫局染署，相当两汉的临淄和襄邑。该时期的蚕桑生产，向东北发展到辽河流域，向西北则发展到新疆地区。在南方，四川是蚕桑生产很有基础的地区，魏、晋时期又有突出的发展，蜀锦成为三国时蜀国所倚重的物资，除自用外，还可供应吴、魏。长江下游六朝时期蚕桑业有较大发展，到南朝末年已是“丝绵布帛之饶，覆衣天下”了。

渔业成为独立的生产部门

殷周时期，水产捕捞是依附于虞衡的一个生产项目。战国以来捕捞业继续发展，人工养鱼突破了王室贵族园圃的樊篱，成为一种生产事业。部分水产品成为商品，出现了大规模的河流陂池养鱼。管理渔业的专职官吏和渔业税也出现了。从此，渔业成为独立的生产部门。

陶朱公塑像

陂塘蓄水灌溉工程有利于较大规模的人工养鱼。楚越之地，“饭稻羹鱼”，较早兴建陂塘，因而也较早利用陂塘养鱼。《吴越春秋》载：“越王既栖会稽，范蠡等曰：臣窃见会稽山

之上，有鱼池上下二处，水中有三江四渎之流，九溪六谷之广，上池宜君王，下池宜民臣。畜鱼三年，其利可数千万，越国当富盈。”鱼池开在会稽山上，当与稻田灌溉用的人工陂塘结合在一起。《吴郡诸山录》也说吴王有“鱼城”在田间，可见太湖四周低洼地区养鱼规模也相当大。《隋书·经籍志》载有《陶朱公养鱼法》一书，已佚，《齐民要术》曾引述其部分内容，主要是陂池饲养鲤鱼的方法，包括鱼池建设、鱼种选择、自然孵化、密养轮捕等极有价值的内容。吴越地区有着十分悠久的养鱼历史，民间流传有范蠡总结和推广的“养鱼法”，表明我国是世界上最早饲养鲤鱼的国家。

出现于汉代的年产鱼千石的大型陂池代表了一种专业化的商品生产。汉昭帝时利用周长40里的长安昆明池养鱼，王室消费的剩余部分运往长安市，竟使市场鱼价大跌。河道养鱼始于南朝。据《襄阳耆旧传》载，湖北襄阳岘山下汉水所产编鱼肥美，以木栅栏河道养殖，刺史宋敬儿贡献齐帝，每日千尾。我国稻田养鱼的最早记载是曹操的《四时食制》：“郫县子鱼，黄鳞赤尾，出稻田，可以为酱。”在陕西汉中勉县出土的汉代水田模型，则反映了当时人们在冬季水田养殖水产的情形。

第四节 经济重心转移中的隋、元农业

中国传统农业发展的第三个阶段是隋唐、宋元时期。在这个时期，发生了中国农业史上最重大的历史事件：全国经济重心从黄河流域转移到长江流域及其以南地区。以曲辕犁的出现和南方水田农具系列化为主要标志，中国传统农具已臻于完全成熟。南方农田水利建设的速度远远超过北方，出现了一系列与山争地、与水争田的土地利用方式。南方水田精耕细作的技术体系取代了传统的、粗放的“火耕水耨”，中国传统农学也进入了新的阶段。主要

生产于南方的一些经济作物获得重大发展，传统的作物构成和农牧关系发生了历史性的变化。

农业重心向南方转移

秦、汉统一帝国建立后，南方民族中的先进部分与华夏族融合为汉族，另一部分则逐步向更南方或偏僻山区迁移。汉人也陆续南下，形成汉族与南方土著杂居的新局面。经过魏、晋、南北朝长期的融合与分化过程，隋、唐以后，绝大多数土著居民已成为汉族的一部分。另一些则形成取得近世民族称谓的南方诸族，分布在湘西、广西、粤北、海南、台湾等地。

这一时期，南方的水利建设与土地垦辟在移民与土著的共同努力下有了极大发展。东吴时，在太湖周围等地区屯田，使这里出现“畛畷无数，膏腴兼倍”的景象，奠定了江南日后农业发展的基础。当时太湖西北、六朝都城建康附近的丹阳、毗陵（晋陵）两郡水利获得优先发展。由于这些地区的地势较高，以塘坝蓄水为主。其中规模最大的，是位于句容县的赤山塘灌田，有万顷之多；在今丹阳县的练塘和在镇江东南的新丰塘，灌溉面积也达数百顷；丹阳湖区的圩田有所发展。对太湖东南的低洼地区的开发也在进行，东晋时在太湖东缘自平望至湖州开挖了长 90 里的“荻塘”，两岸堤路夹河，外御洪涝，中通排灌，灌田千顷，亦可航行。荻塘的修建为太湖流域南部和东南部的塘浦圩田的发展创造了条件。位于太湖平原东北部、西晋时仍是荒僻小邑的海虞县，由于塘埔圩田的发展，水旱无忧，梁大同六年（540 年）改为常熟县。浙江东部的会稽郡发展也较快。创建于东汉的鉴湖，六朝时获得改善，“湖广五里，东西百三十里，沿湖开水门六十九所，下溉田万顷，北泻长江”。刘宋时，孔灵符组织山阴县贫民迁往宁绍平原东部的余姚（今浙江余姚）、鄞（今奉化东北）、郧（今宁波东）三县界，“垦起湖田”，“并成良业”。

总之，在这一时期长江下游地区农业获得了巨大发展，到刘宋时已是“地广野丰，民勤本业，一岁或稔，则数郡忘饥”。在这个时候，建康附近是经济最发达的地区，“良畴美柘，畦畎相望”。带山傍海、拥有良田数十万顷的会稽郡，其富庶程度可与汉代的关中媲美。长江中游的荆湖地区，因受战争影响，农业生产的发展虽比不上江南地区，但有了相当大的进步，史称

欽定四庫全書　史部十二
唐六典　職官類一　官制之屬
提要
臣等謹案唐六典三十卷舊本題開元御撰
李林甫奉勅注其書以三師三公三省九寺
五監十二衛列其職司官佐敘其品秩以擬
周禮書錄解題引韋述集賢記注曰開元十
年起居舍人陸堅被旨修是書帝手寫白麻

《唐六典》内文

“余粮栖亩，户不夜扃”。当地山区的部分蛮族趁南北战争的空当纷纷北移到汉水和淮河流域平原地区，对当地农业发展做出了贡献。在岭南交广一带，农业也有进步，由于气候温和，一年可以两熟，且“米不外散”，故“恒为丰国”。在这基础上，陈霸先得以从岭南崛起建立陈朝。南朝粮食产量已有压倒北方的趋势，时人谓“自淮以北，万匹为市；从江以南，千斛为货”。

随着我国的南方农业全面超越北方，全国的经济重心也随之转移。唐、宋以来，南方水田火耕水耨的粗放生产方式已被精耕细作技术体系所代替。这一技术体系有不同于北方旱地精耕细作的许多特色，并在总体水平上超过了它，这可以从劳动投入量和粮食产出量做些比较。据《唐六典》卷七《尚书工部·屯田郎中员外郎》记载，当时种稻一顷，需工 948 日，而种禾一顷需工 283 日，前者为后者的 3 倍。精耕细作是一种劳动集约型农业技术，稻田用工量多于粟田，说明稻田精耕细作程度高于粟田。由于水稻是南方主要作物，因此，上述资料亦可视为南方水田精耕细作水平高于北方旱作。关于粮食产量，以宋代为例，南方 1 亩水田相当于北方旱地 3 亩。经济最发达的江浙地区，宋仁宗时亩产 2 ~ 3 石，北宋晚年到南宋初已是 3 ~ 4 石，南宋中期后达到 5 ~ 6 石，而宋代一般亩产量 2 石或 1 石。在农具、土地利用和农产品商品化等方面，南方农业均超越了北方。

除了“北不如南”外，唐宋时期的经济还出现了“西不如东”的现象。当时经济最发达的是两浙路、江南东西路和福建路，尤其是以太湖流域为中心的两浙路，精耕细作水平最高，是全国主要粮仓，时有“苏（苏州）湖（湖州）熟，天下足”的谚语。如果以峡州（湖北宜昌）为中轴，北至商雒山、秦岭，南至海南岛，画一南北直线，在这条线的左侧，即宋代西方诸路，除成都府路、汉中盆地以及樟州、遂宁等河谷地区农业生产堪与闽浙诸路媲

美外，其余地区都落于东方诸路之后，有的地方还保留刀耕火种的原始经营方式。不过，宋代苗、瑶、土家、僮族等族人口较多的湘西和广南西路，虽然未能完全改变粗放耕作的面貌，但农业生产力都有了较大的提升。此外，广南东路的珠江三角洲、荆湖路的滨湖州县的开发也颇有进展。

围水造田，开山辟地

由于长江流域及其南境的地理环境和自然气候与黄河流域有很大不同，所以两地的土地利用方式也有很大区别。这里水资源丰富，但山多林密，水面广，洼地多，发展农业往往要与山争地，与水争田；洼地要排水，山地要引灌。尤其是唐宋以后，人口增加，对耕地的需要也随之增加，各种形式的耕地也逐渐发展起来。

耕地向低处发展的形式很多。趁枯水季节在湖滩地上抢种一季庄稼，这是较原始的利用方式，但这种方式仍免不了会受到洪涝灾害；进而筑堤挡水，把湖水限制在一定范围，安全较有保证，这种湖滩地就成了湖田。更进一步，

梯田

筑堤把一大片低洼沼泽地团团围住，外以捍水，内以护田，堤上设闸排灌，可以做到旱涝保收。这种田，大的叫“围田”或“圩田”，小的叫“柜田”，有的地方则叫“垸田”或“坝田”。湖田和圩田是长江中下游人民与水争田的主要形式。春秋时代的吴、越已开始在太湖流域围田，然后在秦汉六朝隋唐时期不断发展。为了解决围田与蓄洪排涝之间的矛盾，从中唐到五代的吴越国，浚疏了太湖入海港浦，形成七里一纵浦、十里一横塘的河网化塘浦圩田体系，并设撩浅军经常浚疏，使太湖流域免除了水患，发展了生产，成为全国最富庶的地区。入宋以后，太湖流域围田又有很大发展。宋淳熙三年（1176年）太湖流域周围圩田多达1498所，“每一圩方数十里，如大城”。诗人杨万里吟咏说：“周遭圩岸绕金城，一眼圩田翠不分”，“不知圩里田多少，直到峰根不见塍（田埂）”（《诚斋集·圩田》）。不过这种与水争田的方式要有一定的限度和合理的安排，否则也会造成水利和生态的破坏。宋代由于官僚豪绅滥围滥垦，以邻为壑，已出现水系紊乱、灾害增多的严重后果。

除了围湖以外，还可以用围海的方法与水争田。在滩涂地筑堤坝或立椿橛，用来抵御潮水泛滥，地边开沟蓄雨潦，用来灌溉和排盐，是为涂田。一般先种耐盐的水稗，待土地盐分减少后再种庄稼。江岸或江中沉积的沙滩或沙洲，依靠周围丛生的芦苇减弱水流的冲击，开沟引水排水，也可以垦为水旱无忧的良田，这叫“沙田”或“渚田”。江湖中生长的茭草（菰），日久淤泥盘结根部，形成浮泛于水面的天然土地，人们植禾蔬于其上，是为葑田。再进一步，架筏铺泥，就成为人工水上耕地——架田。我国的葑田，先秦时代始见端倪，唐宋已有架田的明确记载。

除了向低发展耕地外，人们也开始向高处发展耕地，于是各种形式的山田也随之出现。南方以水田为主，但山田旱地很早就存在，并往往保留着刀耕火种的习惯。唐宋以来，随着人口增加，上山烧荒的人越来越多。这种保留刀耕火种习惯的山田，称为畲田。畲田对扩大耕地面积起了不少作用，但对森林资源的破坏比较严重。山田中对水土资源利用比较合理的是梯田。梯田是在丘陵山区的坡地上逐级筑坝平土，修成若干上下相接、形如阶梯的半月形田块，有水源的可自流灌溉种水稻；无水源的种旱作物也能御旱保收。梯田起源颇早，唐代樊绰在所著《蛮书》中谈到云南少数民族建造的山田十分精好，可引泉水灌溉，这种山田就是梯田。宋代南方人口增加很快，需要扩充水稻种植面积，这种形式的山田便迅速普及开来，四川、广东、江西、

浙江、福建都有它的踪迹。

粮食构成发生重大变化

在唐宋时期，我国的粮食构成发生了一系列重大变化。其中，对国计民生影响最大的是稻麦上升为最主要的粮食作物，取代了粟的传统地位。

水稻一直是南方人的主食，并不断被北方人所引种。在黄河流域，关中平原、伊洛河流域等地区均有较集中的水稻种植。北宋也在北方推广稻作。中唐至两宋，南方水利迅速发展，梯田、圩田、涂田等不断垦辟，水稻种植面积大为增加。随着南方水田精耕细作技术体系的形成，水稻单位面积产量明显提高。南方稻产区也有较大扩展，宋代时期，江南成为全国最主要粮产区，出现“苏湖熟，天下足”的民谚，当时唐代还只是零星种植水稻的岭南诸州，水稻也有很大发展。水稻被宋人称为“安民镇国之至宝”，又谓“六谷名居首”，它在粮食生产中的主要地位至此完全确立。

中原传统作物是春种秋收的，有“续绝继乏”之功的冬麦则正值青黄不接之时收获，因此备受欢迎。冬麦又可以和其他春种或夏种作物灵活配合增加复种指数，在我国轮种、复种制中，冬麦往往处于枢纽地位。由于上述原因，小麦种植历来为民间重视、政府提倡。唐、宋时代麦作发展很快。唐初租庸调中的租规定要纳粟，粟在粮作中仍处于最高地位，麦豆被视为“杂稼”。但中唐实行两税法，分夏、秋两次征税，夏税主要收麦，反映了当时麦作的普遍。北宋时，小麦已成为北方人的常食，以致绍兴南渡，大批北方人流寓南方时竟引起了麦价的陡涨，从而促进了南方稻作的进一步发展。当时南方种麦已相当普遍，不但“有山皆种麦”，而且部分水田也实行稻麦轮作一年两熟。小麦终于在全国范围内成为仅次于水稻的第二位作物。

除了水稻和小麦外，高粱的种植也有了重大发展。它原产于非洲，何时传入我国难以确考。但最初大概种植于西南民族地区，故有“蜀秫”“巴禾”之称。唐、宋诗文中已有“蜀黍”记载，农书中收录高粱栽培法始见于《务本新书》，王祯《农书》有“蜀黍”专条。鲁明善《农桑撮要》也强调了种蜀黍的利益。可见宋、元时高粱开始在黄河流域有较多种植。18—19 世纪又推广到东北地区，成为我国北方重要粮食作物。高粱有耐旱、耐涝、耐盐碱的特点，可以种在不宜麦粟的低洼多湿地区，产量虽不高，但秫秸可充当燃料和编结材料，这也是高粱在燃料比较缺乏的北方得以推广的重要原因。

荞麦可能原产于我国青藏高原或长城以北。陕西汉墓已有荞麦出土，但黄河流域种荞麦似乎是唐代以后才多起来的。荞麦生长期短、适应性强，作为救灾的追补作物和早熟田的复种作物有广泛的种植。

南方经济作物和植茶业开始崛起

在隋唐宋元时期，我国的纤维作物的构成也发生了很大的变化，其中，最突出的是苎麻地位的上升和棉花传入长江流域。

苎麻是我国南方利用和种植颇早的一种纤维作物。唐、宋以来，随着南方经济的繁荣，苎麻生产有较大发展。唐代苎麻的产地为山南道、淮南道、剑南道、岭南道，均在江淮以南。苎麻生产的发展与其繁育栽培技术的改进密不可分。苎麻的早期生产采用无性繁殖法，其生产发展的速度很慢；后来，发明了种子繁殖法，苎麻生产的发展速度开始加快。《农桑辑要》对苎麻种子繁殖法的整地、选种、播种、管理、移栽等技术环节做了详尽、细致的叙述。

在很长时期内，人们以为长江流域和黄河流域的植棉是从元代开始的。

采茶

实际上，南宋时期，植棉不但开始在江南推广，而且已经拓展到黄河流域。南宋时江南不少地方植棉已经是比较稳定的生产项目，且具一定规模，以致成为政府征税的对象。元代长江流域植棉业也有进一步发展。

此外，这一时期的油料作物的种类则更加多样化。古老的叶用蔬菜芸苔转向油用，被改称为“油菜”。北宋苏颂《图经本草》说：“油叶出油胜诸子，油入蔬清香，造烛甚明，点灯光亮，涂发黑润，饼饲猪易肥，上田壅苗堪茂。”南宋人项安世说：“自过汉水，菜花弥望不绝，土人以其子为油。”宋、元时南方多熟种植有较大发展，油菜耐寒，又可肥地，是稻田中理想的冬作物，又比芝麻易种多收，故很快在南方发展起来，成为继芝麻之后又一重要油料作物。此外，在北宋时期，人们已经开始用大豆榨油了。苏轼《物类相感志》就提到“豆油煎豆腐有味”。两宋时豆类种植在南方有较大发展，是旱地和山区主要作物之一。由于油料作物的发展，油坊遍设于大小城市，以至金宣宗时有人提出要实行“榷油”。

种蔗和植茶本时期发展为农业生产的重要部门。以前人们认为我国甘蔗是从印度传入的，但经近代的研究证明，我国也是甘蔗原产地之一。但在相当长的时期内，产量不多，质量大概也不够高。唐太宗时曾遣使到印度恒河下游的摩揭佗国学习制糖技术，回国后加以推广，质量超过摩揭佗。到唐大历年间又有冰糖的创制，时称“糖霜”。制糖技术的进步，促进了种蔗业的发展。唐宋时期，大江以南各省均有甘蔗种植，福建、四川、广东、浙江种蔗更多。尤其是四川的遂宁，成为全国最著名的产糖区，出现大面积连片蔗田和不少制糖专业户——“糖霜户”。

中国是茶的发源地，传说早在神农氏时期，人们就已经发现茶有解毒的作用。而最早利用和种植茶的是我国南方少数民族。从文献记载看，最早利用和栽培茶树的是西南的巴族，西周初年已在园圃中种茶和向中原王朝贡茶了。又据《茶经》记载，唐代中期今湖北西部和四川东部原巴族聚居地，仍有两人合抱的野生大茶树。汉代四川有茶叶市场，王褒《僮约》中提到要家僮到“武都（今四川彭山县）买茶”，巴蜀在相当长时期内是我国茶叶生产中心。魏、晋、南北朝，茶叶生产推广到长江中下游及以南地区，茶饮也开始在江南地区流行。入唐以后，饮茶习俗风靡全国，从士大夫阶层到寻常百姓家，从城市到农村，饮茶成为日常生活必需品。不但中原人爱喝茶，西北和西藏的游牧民族也特别喜欢和需要茶。从唐代开始，茶叶成为中央政府向北方和西藏诸民族换取军马的主要物资，这种交换被称为“茶马贸易”。这种情形推动了唐、宋以来茶叶生产的大发展，使植茶地区更加扩大。

知识链接

山歌

山歌，主要集中分布在高原、内地、山乡、渔村及少数民族地区。流传极广，蕴藏极丰富。山歌是中国民歌的基本体裁之一。一般流传于高原、山区、丘陵地区，人们在行路、砍柴、放牧、割草或民间歌会上为了自慰自娱而唱的节奏自由、旋律悠长的民歌。我们认为，草原上牧民传唱的牧歌、赞歌、宴歌，江河湖海上渔民唱的渔歌、船歌，南方一些地方婚仪上唱的“哭嫁歌”，也都应归属于山歌。

第五节 持续发展的明、清农业

中国传统农业发展的第四个阶段是明清时期，在这一时期，我国的农业既有发展又有制约。在国家长期和平统一局面下，土地大量垦辟，农区空前扩展，南北差距正在缩小，但某些地区的生态平衡也受到了破坏。几种重要农作物的

引进和推广，加速了耕地的扩展、粮食的增产和在这基础上商业性农业的兴起。但在多种经营进一步发展的同时，农牧比例却经常失调。土地利用更为集约，耕作栽培更为精细，尤其是在人口增长导致全国性耕地紧缺的情况下，人们在千方百计垦辟新耕地的同时致力于提高复种指数，土地利用率达到传统农业的最高水平。但农业技术虽然继续发展，农业工具却甚少改进。土地利用率和土地生产率虽有明显提高，但农业劳动生产率却有下降的趋势。

人口的膨胀制约了农业发展

在制约明、清农业发展的诸因素中，人口因素的作用很大。

人类社会存在物质资料再产生和人类自身再生产这两种相互制约的生产。人口与农业的关系实质上是这两种生产的关系。一方面，农业生产的发展为人口增长提供物质基础并规定了它的极限。在农业经济的不同类型中，人口演变有不同的规律：在正常条件下，小农经济占统治地位的农区，人口往往能较稳定地增长，牧区人口增长则因牧业受自然条件变化巨大的影响而呈现不稳定性。另一方面，在生产工具简陋的古代，劳动力的数量对农业生产有着重大意义，人口的消长、转移、分布会极大地制约着农业生产的发展，对不同时代、不同地区农业面貌产生深刻影响。

我国历史上的人口发展呈波浪形曲线上升，并呈梯级的阶梯状。先秦时代我国的生产力水平低下，人口还很稀少，也缺乏可靠的人口记载。战国以后生产力出现飞跃，人口增长也较快。汉代始有全国人口统计数字，从那时到五代，人口反复波动，最高人口数没有超过 0.6 亿的。宋代南方大规模的开发导致人口开始了长期的增长，宋代最高人口数已突破 1 亿。明代盛期人口约在 1.2 亿。到清代又上了新的台阶，人口长期持续高速增长。康熙末年已恢复明盛世人口水平，乾隆末年人口猛增为 3 亿，至鸦片战争前夕，人口已突破 4 亿大关。

虽然人口的空前增长是各种原因综合作用的结果，但毫无疑问，农业生产的发展是其首要前提。明、清农业发展存在一些有利条件，我国自元朝以后再也没有出现过全国性的分裂局面。但由于元朝存在的时间并不长，又实行严酷的民族压迫与掠夺政策，农业生产遭到破坏，入明后才有了长时间的和平和统一。满族入关建立清朝后，合内地与草原为一家，结束了游牧民族和农耕民族长期军事对峙的局面，又镇压了各地的反清势力，调整了阶级关系和民族关系，国家空前统一，社会空前稳定。这就为农业生产的发展提供了十分有利的条件。明、清时代农业生产的发展是显著的。据近人研究，明万历年间我国耕地面积约为7.6亿市亩，粮食亩产量1.65石，合243市斤，粮食总产约为1446亿市斤。清代鸦片战争前夕耕地面积为11.47亿亩，比明后期增加51%。粮食亩产量为2石，合310市斤，比明后期增长27.6%。粮食总产量为3022亿市斤，比明后期增长一倍多，稍稍超过20世纪一二十年代所谓旧中国农业"黄金时代"。1936年2744亿斤的粮食总产量，达到我国传统农业时代粮食生产的最高峰。正是农业生产这种巨大的发展使人口的高速持续增长成为可能。不过，人口的空前增长又反过来给农业生产带来了严峻的新问题。清代中叶以前，虽然历代都出现过局部的"地不敷种"的问题，但从全国来讲，土地完全能满足劳动力的需要，人口增长成为农业发展的必要条件和重要动力。清代人口的激增则导致全国性人多地少的局面形成，人口增长已成为农业生产的沉重压力和制约因素。鸦片战争前夕我国人口数为4.13亿，比明万历年间增加2.44倍，而同期耕地只增加51%，粮食总产量只增加1倍多。这样一来，人均耕地面积便由万历时的6.3亩下降到鸦片战争前的3亩，而人均占有粮食则由2105斤下降为731斤。人均占有粮食的减少意味着农业劳动生产率的下降。农业生产的发展赶不上人口增长的需要，难怪朝野上下都在为"生齿日繁而地不加广"感到忧虑了。

中国传统农业的发展虽然受到人口膨胀的严重制约，但毕竟凭借其顽强的生命力经受了这次历史考验。它依靠什么办法呢？不外是三条：第一条是千方百计开辟新耕地；第二条是引进和推广新作物；第三条是依靠精耕细作传统，提高土地利用率和单位面积产量。其中，第三条最为重要。正是全国性人多地少格局的形成使精耕细作进一步成为不可逆转的趋势。

开发滩涂荒山和边疆

自从有农业起，人们就一直在进行着辟土造田的运动。秦汉时代，黄河流域已基本上被开垦出来。唐宋元时代，随着南方的进一步开发，广大内地的宜农土地已垦辟殆尽。明清时代人口的激增导致对耕地的需求空前增长，

当人们垦复了王朝交替之际因战乱而抛荒的土地后，就不得不向条件更加艰苦、地区更加荒远的土地进军。因人口激增和土地兼并而丧失土地的农民，为了生计，开始向一切可以提供新耕地的地方迁移，他们成为明清辟地造田的主力军，而政府也在各地组织军屯、民屯和商屯。

明清时期，人们进行垦殖的重点之一便是滩涂荒山。洞庭湖区、珠江三角洲沙田区、江河沿岸洲滩和东南沿海滩涂都获得了开发。如位处湖南湖北两省的洞庭湖区，早在宋代已有零星的围垦，但大规模的开发活动是在明成化（1465—1487 年）以后。人们在洞庭湖北修筑堤防阻挡江河之水，在洞庭湖南修圩堤围垦湖中之田，当地称之为垸田。它由北向南发展，明代修的垸田 100 多处，清代增至 400 ~ 500 处，面积达 500 万亩之巨。由于长江流域第一大湖洞庭湖区的开发，两湖地区成为我国新的粮仓，“苏湖熟，天下足”的民谚明中后期起被“湖广熟、天下足”所代替。明清时代陆续有人在天津地区围垦，把大片滨海盐碱地改造为盛产水稻的良田。内地许多原来人迹罕至的山区，这时也被陆续开垦出来。深入山区的农民，住在简陋的茅棚中，为谋生而披荆斩棘，被称为“棚民”。比如，明中期后，大量流民冲破政府禁令进入荆襄山区，使昔日的高山峻岭，出现“居庐相望，沿流稻畦高下鳞次”（《徐霞客游记》卷一）的景象。又如，清代，千百成群的破产农民陆续不断进入川、陕、楚交界地区，这里人口一度激增至百万。经过几代人努力，使这里的深山老林获得开发。

古代军人在不打仗时也要种地，称为“军屯”

除滩涂荒山外，边疆地区是明清时期的人们进行垦殖扩张的另一重点地区。这一时期大批农民陆续进入长城以北内蒙古、东北的传统牧区半牧区，使那里的农田面积大量增加。尤其是清代山东、河北、河南的汉族农民冲破清政府封锁，源源不断地进入东北，俗称“闯关东”，与当地蒙、满等族人民一起，把东北开发成我国近代盛产大豆高粱的重要农业区。在新疆，尤其是清朝在此建省后，大兴屯田，兴修水利，在当地维吾尔、汉、蒙各族人民努力下，农业生产获得很大发展。西南地区的云南、贵州，古称西南夷，汉代还是以农耕为主的“土著”和以游牧为主的“行国”错杂并存的地区。以后农耕文化范围不断扩大，游牧文化范围不断缩小，并向定居放牧转化。元、明、清三代，中央政府在这里大兴屯田，大批汉族、回族等人民进入该区，内地先进生产技术迅速推广，农田水利也获得发展，垦殖活动逐步由平坝向山区和边地发展。沿海岛屿的垦拓也在加速进行。闽南、粤东的人民在清代几次掀起渡海移居台湾热潮，大大加快了台湾岛的开发。

随着人们对滩涂荒山和边疆地区的垦殖扩张，我国的耕地面积大大增加。有人估计明代耕地面积比宋代增加了40%，即由5.6亿亩增加到7.84亿亩；清代又增至11亿~12亿亩，比明代扩大了50%。耕地面积的迅速扩张是明清粮食总产量增长的重要因素，对民食问题的缓和起了很大作用。在新增加的耕地中，不少是“瘠卤沙冈”“陡绝之地”，被外国人视为没有利用价值的“边际土地”。在垦辟和利用这些土地的过程中，低产田（如盐碱地、冷浸田等）的改良等土地利用技术获得发展。一些山地被垦辟后用来种植蓝靛、香菇、麻、烟、茶、漆、果树等，促进了商品经济的发展。边疆的垦殖活动不但扩大了农耕文化区，而且使中原的精耕细作技术获得传播。

不过，由于明清垦殖活动是在人口膨胀压力下自发进行的，没有经过合理的规划，因而带有很大的盲目性。不少地方是用刀耕火种开路，不可避免地造成对森林资源、水资源等的破坏，引起水土流失、水面缩小、蓄水能力降低等弊病，从而加剧了水旱灾害。我国本来是一个自然条件比较严峻、自然灾害比较频繁的国家，明清时代这种情况又有所发展。与此相联系，备荒救荒也更加为人们所重视，野生植物的利用和除虫治蝗等技术获得发展，这也是明清农业的显著特色之一。

明清垦殖活动的另一消极后果是内地宜牧的荒滩、草山减少，传统牧区和半农半牧区也大面积改牧为农，遂使在全国范围内种植业比重上升和畜牧业比重下降，形成农牧关系中畸重畸轻、比例失调的局面。由于耕畜不足、经营分散细碎，甚至使有些地区由牛耕退回人耕。

新的高产粮食作物的引进和传播

明清时期，我国农业生产的内容更加丰富，不仅原有作物有了很大发展，新作物的引进和推广也起到了重要作用。同时，由于农业中不同作物和不同部门的此消彼长，农业生产的结构也发生了重大变化。

我国自唐中叶以后稻麦上升为最主要的粮食作物。明、清时，稻麦的这种地位进一步得到巩固。清代水稻种植的北界从新疆的伊犁，沿河西走廊、河套直至辽河流域一线。清末民初，迁入我国的朝鲜族在鸭绿江和图们江流域种稻，辽宁铁岭和黑龙江宁安的朝鲜族人也开辟了水田。在清代，西藏也有植稻记载。这样，水稻种植已遍及全国所有省区。最大的稻作中心由长江下游的江浙转到长江中游的湖广，四川、江西、两广的稻米生产也很发达。小麦生产也有发展。华北地区以小麦为主要粮食作物，明代已有“一麦抵三秋”的民谚。清代确立了以小麦为中心的两年三熟制。在南方，稻麦复种进一步普及。随着东北地区的开发，逐步形成新的重要麦产区。

知识链接

民以食为天

“民以食为天”不仅仅居于中国食文化的核心，还是历朝历代的立国之本。历代统治者都重农轻商，国家始终以农业为中心。

民以食为天，中国古代历朝重视农业生产。新中国成立后，我国在实践中明确提出农业是国民经济的基础。我国是一个农业大国，但应该看到我国离农业强国的距离还很大。土地分散，生产效率低，技术落后，竞争力不强等问题一直困扰着我国农业的发展。是否能让占全国人口70%的农民在城镇化发展过程中受益，关系到我国的安全和稳定，这是决定国家长治久安的大事。

与此同时，玉米、甘薯、马铃薯等高产新作物的引进和推广在我国的粮食生产中引起了一场意义深远的变革。它们适应了当时人口激增的形势，为中国人民征服贫瘠山区和高寒地区，扩大适耕范围，缓解粮食问题，做出了巨大贡献。没有它们的推广，明、清时耕地的扩大和单产的提高都会受到极大的限制。

我国现今主要粮食作物，依次是水稻、小麦、玉米、高粱、谷子、甘薯和马铃薯，这是长期历史发展的结果，而粮食作物构成的这种格局，清代已基本形成了。

其他经济作物的发展

油料作物的种植在明清时期有了极大的发展。15 世纪以后，油坊普遍出现，榨油业成为城市中的重要产业。在原有的油料作物中，芝麻、油菜种植很广，发展最突出的则是大豆。北宋时期，人们就已经开始用大豆榨油，明代人们又发现豆饼是优质肥料和饲料。明末清初，大豆和豆饼已成为重要商品。时人叶梦珠说："豆之为用也，油腐而外，喂马、溉田，耗用之数，几与米等。"社会不断增长的需要促进了大豆生产的发展。黄淮以北和西南各省豆类种植颇广，而最重要的大豆生产基地则是东北，"自康熙二十四年（1685年）开海禁，关东豆麦每年至上海者千余万石"。东北大豆不但销往国内不少地区，而且是重要出口物资。

明清时期，一些新的油源地也相继被开辟出来。元、明之际，亚麻（亦称"胡麻"）由药用的野生植物转化为油用的栽培植物，西北地区有不少种植者。明代引进了向日葵，刚开始的时候只是作炒食之用，至清末《抚郡农产考略》始有"子可榨油"的记载。意义更为重大的是花生的引进。据报道，浙江吴兴钱山漾和江西修水跑马岭都出土过新石器时代的花生遗存。但在以后漫长的岁月里，花生并不见于文献明确记载，这成为农史研究中尚未解开的一个谜。明嘉靖以前，原产巴西的花生传入我国，始见苏州学人黄省曾（1490—1540 年）的《种芋法》，叫"香芋"，又称"落花生"。嘉靖《常熟县志》也有落花生的记载，大概是从海路传至闽、广，由闽、广传至江浙，清初已扩展到淮河以北。初作干果，用于榨油始见于赵学敏《本草纲目拾遗》（1765 年）。19 世纪末又有大粒花生（"洋花

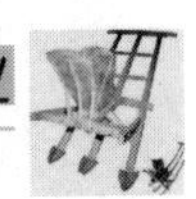

生”）的传入，山东成为其重要生产基地。花生含油量大，是榨油的好原料，引进后发展很快，清末民初，除新疆和西域外，各省均有花生种植，花生跃居为最重要的油料作物。

为了满足国内外不断增长的对糖的需求，明清时期的植蔗与制糖业有了很大的发展。福建、广东、四川等省仍是甘蔗生产发达地区。如广东种蔗不但“连岗接埠，一望丛若卢苇”，还在低洼地区挖塘垫基，在基上种蔗栽桑，一些地方蔗田面积赶上以至超过禾田。四川沱江流域以内江为中心发展为西南最大糖业基地，云南、贵州、西藏以及河南、陕西等地也有甘蔗种植。台湾是新兴甘蔗产区，经郑成功父子经营，到清代已出现“蔗田万顷碧萋萋，一望葱笼路欲迷”的景象，制糖业迅速赶上以至超过大陆。19 世纪后期又从俄罗斯传入糖用甜菜，1870 年前后已在奉天海州（今辽宁海城）种植。

明代时期，饮茶的方法由煎饮简化为泡饮，再加上市镇经济的日益繁荣，茶已经成为一种大众化的饮料。明代继续以茶储边易马。清代，传统的官方和半官方的茶马贸易被更广泛的民间贸易所代替，同时茶叶又成为对外贸易最重要的物资之一。17 世纪以前，中国茶叶的对外贸易多限于亚洲诸国。17 世纪中叶，中国红茶传入欧洲。从此，欧洲成为华茶贸易之对象。鸦片战争以后，茶叶输出数量激增。我国茶叶生产，尤其粤、湘、赣、闽、浙、皖等省，有较大发展。但从光绪中期起，英、荷在印度、斯里兰卡、印度尼西亚等地发展种茶，打破了我国在国际茶市的独占局面，又导致了我国茶叶生产的凋敝。

在明清时期，我国还引进了一种重要的经济作物，即原产于美洲的烟草。16 世纪末 17 世纪初从吕宋传入台湾和福建漳、泉，再传入内地，初音译为“淡白菰”。广东所种烟草，则系从越南传入，亦有来自福建者。明末清初，也有从朝鲜传入东北的。烟草能祛瘴避寒，成为大众之嗜好品，很快就传遍大江南北、长城内外，形成许多地方名烟与集中产区。由于种烟的利润高，不少地方把粮田改作烟田。至鸦片战争前夕，烟草与粮食争地已成为突出的问题。

明清时期的蔬菜品种不断增加，其中，传统的葵和蔓菁在蔬菜中所占的比重不断下降，白菜和萝卜的比重则不断上升。尤其是明中叶培育出不同于原来散叶型的结球白菜，即今天的大白菜，它不但为我国人民所喜爱，而且被世界各国广泛引种。这一时期引进的蔬菜有原产美洲的辣椒、西红柿、菜豆、南瓜以及球茎甘蓝和结球甘蓝等，它们经过我国人民的改造，有很大的发展。如我国现在拥有世界上最丰富的辣椒品种，包括各种类型的甜椒，成为菜椒品种输出国，北京的柿子椒引种到美国，被称为“中国巨人”。

明、清时我国原有栽培果树的品种显著增加，又从国外引进芒果、菠萝、番木瓜、番荔枝等果树。我国北方现在的主要栽培果树西洋苹果和西洋梨，则是清末从北美洲传入我国的。

畜牧业与生产养殖业的新变化

这一时期的畜牧业，由于传统牧场的开垦和内地牧养条件的变化，大牲畜饲养业走向衰落，但猪羊和家禽的饲养继续有所发展。

和前代相比，明清时期的民营畜牧业的规模有了显著的缩小。明代“陆孳畜牸蹄角以百计”（十几头或更多些的大牲畜，包括母畜）的地主就被认为是值得大加称道的了。徐光启所设计的方案是：“居近湖草广之处，则买小马二十头，大骡两三头，又买小牛三十头，大牸牛三五头，构草屋数十间，使二人掌管牧养……养之得法，必致繁息；且多得粪，可以壅田。”这大概代表了当时农区民营畜牧业的最高水平，比起秦、汉那些牛羊满谷、富埒王侯的畜牧主，不可同日而语！至于一般农户经营的畜牧业，规模则更小了。民间饲养的各种牲畜，情形不完全一样。历经金元各朝的大肆搜刮之后，北方的民间养马业受到了极大的摧残。明代除官马民养外，虽有市马之制，但主要是向辽东和西北少数民族区购买，内地已无大量马匹可供交易。清朝统治者为了削弱汉族人民的反抗力量，实行禁止内地人民养马和防止蒙古草原马匹流入中原民间的政策，民间养马就更寥寥无几了。

古代牧童壁画

直接为农业生产提供动力的养牛业，是民间养畜业中与农业生产关系最密切的

产业。明、清时，民间养牛业显然衰落了。从唐、宋至明、清，随着人口不断增加，原来可供放牧的牧场、草山不断被转化为农田；随着多熟种植的发展，原来可供放牧的休闲田、冬闲田也急剧减少，养牛业的发展规模越来越小。北宋陈旉在其农田规划方案中，设计加宽陂塘堤岸和田塍塍，以供系牛、放牛之用。至明、清时期，耕地紧缺，田塍塍也被蚕食，或种上庄稼，如南方许多田塍塍都种上田塍塍豆，养牛的空间进一步被压缩，获取水草饲料更加困难了。这必然成为养牛业和牛耕发展的制约因素。明末宋应星说："愚见贫农之家，会计牛值与水草之资，窃盗死病之变，不若人力亦便。假如有牛者，供办十亩，无牛用锄，而勤者半之。既已无牛，则秋获之后，田中无复刍牧之患，而菽、麦、麻、蔬诸种，纷纷可种，以再获偿半荒之亩，似亦相当也。"从唐、宋的有关诗文可以看到，农民只要收成较好、手头较宽，总是尽量置办耕牛的。到了明、清，放弃牛耕却成为贫苦农民的"理性"选择。由于养牛业的大幅度萎缩，在当时经济最发达的江南地区，铁搭在很大程度上代替了耕犁。

与大牲畜情形不同，中小畜禽的饲养仍有发展。为了满足对肥料日益增长的需要，猪、羊饲养受到重视。

元代时期，蒙古地区农耕经济成分有明显的增长。但明朝建立，蒙古人退回漠北后，又几乎回到单纯的游牧经济。经过一段时间的恢复，尤其是清朝统一了蒙古各部以后，蒙古族的畜牧经济有了新的发展。在原本土著与游牧错杂的西南地区，唐、宋以来游牧已消失，但直到清代，这里的畜牧业仍相当繁盛，并形成既不同于游牧，又不同于农区副业的农牧结合方式。清檀萃《滇海虞衡志·志兽》云："南中民俗以牲畜为富，故马独多。春夏则牧之于悬崖绝谷，秋冬则放之于水田有草处，故水田多废不耕，为秋冬养牲畜之地，重牧不重耕，以牧之利息大也。马牛羊不计其数，以群为名，或数百及千为群。"

传统耕地方式

总的来看，由于半农半牧区和农牧错杂区转变为农区，传统牧区相当一部分被垦辟为农田，传统农区中大牲畜饲养业之缩减，农牧比例出现畸

轻畸重现象，畜牧业主要是以农业之副业的形式存在的。

在明清时期，我国的水产养殖业也有了新的发展。在淡水养鱼方面，创造了家鱼混养、基塘养鱼等新方法，海涂养鱼的规模日益扩大。如广东，“其筑海为池者，辄以顷计”。台南人民在海滨筑堤养鱼，称为塭，“其大者广百数十甲，区分沟画，以资蓄泄……南自凤山，北至嘉义，莫不以此为务”。福建沿海新开埭田（涂田）也往往先养鱼虾三五载，然后种庄稼。这一时期的贝类养殖更为广泛。插竹养蚝宋代已经出现，清代广东采取投石种蚝法，乾隆时东莞沙井地区养蚝达 200 顷。东南沿海人民还养殖蚶等贝类。人工养珠在宋代时还处试验中，明、清时已转入生产阶段了。

商业性农业的发展进入新阶段

由于粮食生产有了飞跃性的发展，明清时期的商品性农业在发展深度和广度上都超越了前代。大量荒地的垦辟，原有的和新引进的高产粮食作物的推广，都使腾出更多土地种植经济作物成为可能。不少地方的农民都只以玉米、番薯等粗粮充饥，而把更多的小麦、稻米等细粮投入市场。棉作的推广使丝麻生产收缩到若干特殊、有利地区，亦促进了生产的专业化与商品化。各种经济作物、蔬菜、果树、花卉、家禽饲养、水产养殖等有了空前的发展，不但出现了一些专业户，而且形成相对集中的产区，在这些地区内出现排挤粮食生产的现象。如乾隆中期，松江、太仓、通州和海门厅所属各州县，棉田占全部耕地的 70% ~80%。嘉湖地区和珠江三角洲相当数量的农户已主要从事蚕桑业。部分蚕桑业生产商品化，形成专事桑叶交易的叶行。余杭、新昌、湖州等地有不少专业制种户，尤以余杭县最为发达。随着从事蚕丝买卖的人越来越多，丝行的生意日益兴隆，织绸业便从农家副业中分化出来，成为独立行业。

我国农业中较大规模的商品性生产及名产区，战国、秦、汉时已经出现，但这些地区所需粮食，一般就地或从附近取得供应，当时有所谓“百里不贩樵，千里不贩籴”的民谚。明、清情况有很大不同，一些先进地区如江浙、闽南、珠江三角洲，逐步从以粮食生产为主转向以经济作物或其他商业性农业为主，而另一些相对后进而土地比较宽裕的地区如湖广、江西、四川、广西、台湾、东北，则形成新的商品粮生产基地，从而形成某种地区的分工。

本来是全国主要粮食生产基地的苏南、浙西地区，在明清时期，由于植棉业和蚕桑业的飞速发展，反倒成了缺粮地区，粮食供给依靠湖广、江西、四川、安徽、河南以至辽东。广东甘蔗、塘鱼、蔬果、花卉、烟草等生产称盛，粮食则从广西、湖广、安南和南洋输入。闽南烟、蔗、果比较发达，粮食则从江浙、台湾、广东输入。这种情况标志着明、清时商业性农业发展进入了一个新阶段。

知识链接

中国古代农业鼻祖“神农氏”的传说

炎帝就是中国古代传说的农业鼻祖“神农氏”，他是远古时期的帝王，也是“三皇”之一。因为他的家族生活在姜水的河边，所以他们姓“姜”。他后来发明了农业的耕种法，所以叫他“神农”，又因为他重视火德（古代五行之一，就是金、木、水、火、土），而火的性质是炎热，所以叫他“炎帝”。传说炎帝的母亲是被神龙绕身而怀孕的，生下他后，是个牛头人身的小孩，而且头上有角。

炎帝教人们学会了种地、收获，所以他是农业的发明人，是农业神，所以叫“神农”。除了农业，他还教人们灌溉，发明许多的农具，例如斧头、锄头，他还发明了五弦琴，让大家累的时候弹唱娱乐。他还是桑麻、陶器的发明人，指导人们种桑树和麻，然后用蚕丝和麻线织布，做衣服。

为了给人们治病，神农还亲自品尝野草，找到治病的草，所以他经常中毒，他这种献身精神受到人们的崇敬，现在民俗把他称为“药王”，所以中国第一部药物学著作就用他的名字命名，叫《神农本草经》。炎帝后来因为劳累病死了，有的说是在尝草药时中毒死的。

炎帝和黄帝联合打败了蚩尤，组成了一个大的部落联盟，这就是现在中国人的祖先，中国人经常称自己是“炎黄子孙”。

日新月异的农业科技

中国农业在其发展过程中有一系列重大发明创造,形成独特的生产结构、地区布局和技术体系。中国农业的农艺水平和单位面积产量在古代世界中始终名列前茅,中国农业的技术成就对世界农业的发展产生了巨大的影响。

第一节 传统农具的创新与演进

在我国古代，农业工具又被称为农器或田器，它是从事农业生产不可缺少的手段，是农业生产力发展水平的重要标志。在我国古代农业发展的过程中，农具的质料、形制和使用的动力不断进步，创制了许多精巧的农具。这些农具适应了精耕细作的要求，体现了中国古代人民的智慧，有的甚至对世界农业的发展产生过重要影响。

农具质料的变革

我国早在新石器时代就已经有了农业，当时，人们是用石头、树枝、兽骨和蚌壳等材料制作农具的，其中石头是最主要的材料。斧子在后世是一种木器加工工具，但在农业发生之初，石斧却是最重要的农具。因为当时实行刀耕火种，首先要用石斧把林木砍倒或砍伤，使之枯死；其次用火清理出可供播种的农地。石斧和点种棒曾经是原始农业仅有的农具，而点种棒也往往要用石斧来加工。后来发明了翻土农具，石头仍是重要材质。例如，石斧稍加改装，使刃底由与木柄平行变为与木柄垂直，就可作为石锄使用；在尖头木棒下端绑上薄刃石片，就成了石耜。石材还可以制作石刀、石镰等收割农具。在我国各地新石器时代农业遗址中，出土了大量石斧、石锄、石耜、石刀、石镰、骨耜、蚌耜、骨镰、蚌镰、角锄等用石头做的农具。木质农具因不易保存，出土较少，但从民族志的资料看，原始农业时代耜锄一类木质农具也是很普遍的。

自从发明了青铜器之后，木石农具便渐渐被金属农具所取代。青铜是铜和锡的合金，用它制造的工具比木石工具坚硬、锋利、轻巧，这是生产力发

展史上的一次革命。但青铜原料来源不广，其坚硬程度也不如后来的铁，因此青铜农具没有也不可能在农业生产领域完全替代木石农具。我国考古学上的青铜器时代是指虞夏至春秋时期。这一时期，人们的主要手工工具和武器都是青铜制作的。在农业生产方面，青铜也获得日益广泛的应用。总的来看，商周时代青铜工具已日益在农业生产中占据主导地位。

铁的使用是农具质料上最伟大的革命。冶铁业的发展不但能为农具制作提供比青铜更为坚韧适用的材料，而且它的原料来源更为广泛，因而铁农具比青铜农具更容易普及。只有铁的使用才能最终完成金属农具和代替木石农具的过程，才能使犁这种先进的农具得到真正的推广，使农业生产力出现新的飞跃。

中国进入铁器时代的确切时间目前尚没有定论，据现有材料估计，大约是西周晚期到春秋这一段时间。从世界历史看，我国开始冶铁时间不算早，但冶铁技术的发展却很快。冶铁技术的发展，一般是先有块炼铁，次有铸铁，然后出现钢。块炼铁是在炼铁炉温不高的条件下由矿石直接炼成的熟铁块，这种熟铁块杂质较多，质地松软，并不适合制作农具。铸铁是在炉温较高的条件下熔解铁矿石后所得到的含碳量较高的生铁。铸铁发明之后，铁才被广泛用于制作农具的材料。西欧从公元前 10 世纪出现块炼铁到 4 世纪使用铸铁，经历了约 1400 年。而从目前材料看，我国大概较快从使用块炼铁阶段进入使用铸铁阶段。春秋初年，管仲曾向齐桓公建议，用“恶金”（铁）铸造农具，以便把“美金”（铜）集中用于制造武器。又据史书记载，公元前 513 年，晋国曾向民间征收生铁作军赋，用以铸鼎。由此可见，我国使用铸铁比西欧要早 1000 年左右。根据考古发现，我国在春秋战国之际已掌握了生铁柔化处理技术，使又硬又脆的生铁变成具有韧性的可锻铸铁。这些发明创造，尤其是可锻铸铁的出现，大大提高了铁的生产率，降低了成本，改善了质量，为铁农具的推广创造了十分有利的条件。目前，地下出土的战国中晚期铁农具已遍及今河南、河北、陕西、山西、内蒙古、辽宁、山东、四川、云南、湖北、安徽、江苏、浙江、广东、广西、天津等省份。铁农具主要种类有镬、锄、锸、铲、镰和犁。在中原（黄河中下游）地区，人们把使用铁农具耕作看作如同用瓦锅

古代铁制农具

古代农具

做饭一样的普通，木石耕且已基本退出了历史舞台。到了汉代，铁犁又在黄河流域普及开来。

不过，汉代除用生铁铸造的大型犁铧和犁壁外，限于当时的技术条件，一般的可锻铸铁农具是器形较小、壁薄的铁口农具，耕作性能仍然欠佳。直到钢成为制作农具的材料，这些问题才得到圆满解决。我国炼钢术出现颇早，春秋战国之际有块炼渗碳钢，汉代有铸铁脱碳钢和百炼钢等。但由于成本高，技术复杂，很少用于农具制作。魏晋南北朝时又发现了“灌钢”技术，即用生铁熔液灌入未经锻打的熟铁，使碳较快而均匀地渗入熟铁中，再反复锻打成钢。这是中国古代人民的一项独特创造，它提高了钢的生产率，为钢普遍用于农具制作创造了条件。到了宋代时期，灌钢法已在全国流行，并成为主要的炼钢法。加之百炼钢技术也有进步，除了犁铧、犁壁为了坚硬耐磨仍用生铁铸造外，厚重的钢刃熟铁农具已代替了小型薄壁的嵌刃式可锻铸铁农具。宋代出现的沼泽地开荒用的銐刀，江南地区垦耕用的手工农具铁搭（4 齿或 6 齿的铁耙），都是钢刃熟铁农具，对南方开发起了巨大作用，这是继铸铁使用后铁农具质料的又一次重大变革。

到了明清时期，铁农具的制作方法依然在不断改进。明中叶以后，锄、锹、镰等小农具一般采用“生铁淋口”的制作法，不需夹钢打刃，方便省时，成本低，而又坚韧耐磨，经久耐用。但这种方法不适用于犁铧、铁搭、犁刀等农具的生产，所以它对农业生产的作用不及铸铁农具和钢刃熟铁农具。

耕播整地农具

1. 耒耜与耦耕

在铁犁广泛使用以前的漫长岁月，起源于传说的神农氏时代的耒耜一直是我国的主要耕具。耒耜是什么样的农具呢？从有关民族学的例证看，是采

集时代的掘土棒，农业发明以后演变成点种棒，在这种尖头木棒的下部安上一根供踏脚的横木，手推足跖，刺土起土，就成为最初的翻土农具——小耒。为了操作方便，又把直耒改成斜尖耒。为增强翻土作用，又出现了双尖耒。在一些考古遗址的墙壁中留下各种耒使用的痕迹，甲骨文中也有它们的形象。如果起土木棒不是尖头，而是削成扁平刃，这就是木耜。我国西南部一些少数民族直到近代还在使用这类工具，在原始农业遗址中也有其实物遗存。可见耒和耜原是两种不同农具。耜的加工重点是刃部的砍削，耒柄要有一定弯度，常须借助火烤，故传说神农氏“斲（斫）木为耜，揉木为耒”。耜还可以安上石、骨、蚌质的刃片，使之更加锋利或耐用，耜于是成为一种复合工具。早在原始锄耕农业阶段，我国先民就用耒耜在黄河流域垦辟了相当规模的农田，发展了田野农业，并由此奠定了进入文明时代的物质基础。

根据《诗经》《左传》等文献的记载，我国上古时代普遍实行耦耕。耦耕是一种两人配对简单协作的劳动方式，它的流行与耒耜的使用密切相关。由于手足并用，耒耜入土不难，但耒为尖锥刃，耜的刃部也较窄，翻起较大的土块却有困难。解决的办法是多人并耕，协力发土。但在挖掘沟洫的时候，一人力气不够，多于两人又会在狭窄的地段上互相挤碰，所以两人合作是最适宜的工作方式。由于开挖农田沟洫这种劳动很普遍，两人并耕操作成为习惯，这就是最初的耦耕。以后，耦耕又和农村公社换工互助的遗习相结合而固定化，但已不是刻板的“二耜为耦”的并耕了。耒耜与耦耕，也是我国上古农业的特点之一。

耒耜原指两件不同的农具，但当耜发展成复合农具，尤其是安上金属刃套以后，人们习惯把入土的刃体部分称为耜，耜柄则因形体相类而被称为耒，这样，耜有时也可称为耒耜。耒耜名称的这种分合变化是与它的原料、形制变化相关联的。

进入铁器时代后，形式有所变化的耒耜依旧在农业生产中发挥着重要作用。铁器时代的耒耜已被广泛安上铁刃套，刃部加宽，器肩能供踏足之用，原来的踏足横木取消，耒耜就发展为锸，这就是直到现在还在使用的铁锹的祖型。把耒耜的手推足蹠上下运动的发土方式改变为前曳后推水平运动的发土方式，耒耜就逐步发展为犁。

2. 牛耕与中国传统耕犁

随着耕犁的出现和发展，牛耕开始被用于农业生产当中。我国的耕犁是

从耒耜脱胎而来的。无论直插式的耒耜或横斫式的锄䦆，其翻土都是间歇式的，只有耕犁的翻土是连续的，劳动效率因而大大提高，这是翻土作业的一次革命。耕犁的普及及其作用的真正发挥，走过了漫长的道路。耕犁的发展过程，从质料看，是先有木石犁，后有金属犁；从使用的动力看，是先有人力犁，后有畜力耕；从形制和功能看，是先有古犁，后有真犁。古犁保留了耒耜的某些特点，形制小，没有犁壁，因而只能划沟或做简单的松土作业，而不能翻转土垡，同时它没有完整的犁架，犁床与犁底浑然不分，又往往没有犁箭，使用时也可以足踏，也可以拽拉，拽拉时人力或畜力均可使用。真犁则有大型犁铧，有正式的犁床和犁箭，并出现犁壁，与耒耜迥然不同。

南方越人相当早的时候就已经开始使用耕犁了。在长江下游的冲积平原上，自原始社会末期的良渚文化至商周时代的湖熟文化遗址中，都出土过不少的石犁铧，江西新干商代晚期墓葬中也出土过青铜犁。青铜犁因原料珍贵难以推广，黄河流域的垦耕主要还是用青铜䦆和木质耒耜。春秋时期之后，铁开始成为制作耕犁的材料，牛耕也开始普遍起来。春秋时，人们往往把牛和耕相连，分别作名和字。如孔子的弟子司马耕，字子牛。有记载表明，秦国牛耕已较普遍。目前，黄河流域虽有战国铁犁铧出土，但在出土战国铁农具中所占比例很小，且形制原始，一般为呈钝角等腰三角形的“V”字形刃

水田劳作

套，没有犁壁，表明当时耕犁的发展仍未脱离古犁的阶段。

这种情况至西汉中期发生了很大变化，在各地出土的铁农具中，犁铧比例明显增加，而且多为全铁铧，犁铧又往往和犁壁同时出土。犁壁又称“犁耳”，是安装在犁铧后端上方的一个部件，略带长方形并有一定弧度，其作用是使犁铧犁起的土垡按一定方向翻移，从而达到翻土、碎土的目的，并可作垄。从汉代各地出土的画像石刻和壁画的牛耕图看，当时的犁铧被安装在由木质犁底、犁柄、犁辕、犁箭所组成的框架上。中国传统犁称为“框形犁”，是世界上6种传统犁中的一种。其基本特征即摇动性和曲面犁壁在汉代已开始形成。汉犁的犁辕直而长，又被称为“直辕犁”。它用两头牛牵引，在两头牛的肩部压一条长木杠，木杠中央与犁辕相连，这就是“耦犁”，俗称“二牛抬杠”。开始时要有一人在前牵牛导耕，一人在后扶犁，一人在中间压辕调节深浅。直到近代，云南的一些民族中仍遗留着这种“两牛三人”的牛耕方式。以后随着耕犁结构的改进和耕牛的调教驯熟，渐次由3人减为1人。据《汉书》记载，汉武帝时搜粟都尉赵过曾经推广“耦犁”。所谓耦犁就是上面所说的包括改进了的犁铧和与之相配合的犁壁、结构比较完整的犁架，以及两牛牵引等内容的一整套牛耕体系，它标志着我国耕犁已脱离古犁而进入真犁即正式犁的阶段。使用耦犁等“便巧”农器，2牛3人可耕田大亩5顷，相当于以前一夫百亩（小亩）的12倍。正因为使用耦犁的劳动生产率大大超越耒耜，牛耕才在黄河流域获得普及，并逐步推向全国，铁犁牛耕在我国农业中的主导地位才真正确立起来。

我国传统耕犁发展史上的另外一次重大变革是曲辕犁取代了直辕犁。耦犁虽然比耒耜和古犁提高了效率，但两牛抬杠架直辕，显得笨重，“回转相妨”，在平野使用犹可，在山区、水田、小块耕地上使用就很不方便。为了克服直辕犁的这些缺点，我国古代人民继续致力于耕犁的改进。唐代江南地区出现了曲辕犁，宋代进一步完善和普及，曲辕犁标志着中国传统犁臻于成熟。曲辕犁的主要特点是犁辕不直接与牛轭相连，而是通过其前端的可活动的犁盘或挂钩用绳套与牛轭相连。这时的牛轭已不是架在两牛肩上的木杠（“肩轭”），而是套在单牛肩上的曲轭。犁索与犁辕连接处在役牛臀部之下，犁辕缩短，改直辕为曲辕。犁架重量因而减轻，它可用一牛挽拉，灵活自如，转弯时尤其方便。此外，曲辕犁调节深浅的结构更为完善，修长的犁底使操作时能保持平稳，犁镵与犁壁亦有改进。这种犁最初大概是为了适应水田耕作需要而产生的，但其基本结构和原理同样适用于北方旱作区。到了宋元时期，

曲辕犁已成为全国通用的最具代表性的耕犁了。

中国犁相较于世界其他地区的传统犁的优势在于：一是富于摆动性，操作时可以灵活转动和调节耕深耕幅；二是装有曲面犁壁，具有良好的翻垡碎土功能。这些特点满足了精耕细作的技术要求，适合于个体农户使用。西欧中世纪使用带轮的重犁，没有犁壁，役畜和犁辕间用肩轭连接，比较笨重。18 世纪出现的西欧近代犁，由于采取了中国框形犁的摆动性和曲面壁，并与原有的犁刀相结合，才形成既能深耕又便于翻碎土壤的新的犁耕体系，它成为西欧近代农业革命的起点。因此，中国犁在世界农业史中占有重要地位。

知识链接

中国农业博物馆

1983 年 7 月，国务院批准建立中国农业博物馆，隶属农业部，1986 年 9 月正式向社会开馆。中国农业博物馆坐落在北京东三环，50 年代北京十大建筑——全国农业展览馆内，占地面积 52 公顷，陈列馆面积近 5000 平方米。馆内苍松翠柏，繁花绿草，与回廊楼阁、碧瓦朱檐交相辉映，环境幽雅。具有西式仿古建筑特色的十座展厅分布其间，是北京市的“园林式单位”。

中国农业博物馆陈列内容丰富，生动形象，是了解中国悠久的农业历史和当代中国农业成就的窗口，也是交流农业科学技术、传播农业知识的场所。

中国农业博物馆先后筹办了中国古代农业科技史、中国农业资源与区划、中国水产、中国土壤标本等基本陈列，这些陈列从不同侧面展示了中国近万年的农业文明史、丰富的农业资源和现代农业科技所取得的主要成就。

3. 2000 年前的播种机——耧车

耒耜不仅可以用于耕作，还可以用于划沟播种。由耒转化而来的古犁有一种是专用于划沟播种的，后来的耩和耧犁均渊源于此。耩是一种小型无壁

耧车复原图（西汉）

犁铧，中间有棱脊，用于中耕除草、壅苗、开浅沟。耧犁相传是西汉赵过发明的，耧犁上方有一盛种用的方形木斗，下与 3 条或 2 条中空而装有铁耧脚的木腿相连通。操作时耧脚破土开沟，种子随即通过木腿播进沟里。1 人 1 牛，“日种一顷”，功效提高十几倍。由于铁耧足是由古犁演变而来的，汉代人仍把牛拉的三脚耧称为“三犁共一牛”。耧犁是一种旱地畜力播种机构，这是中国传统农业的一大创造。西欧条播机的出现在此 1700 年以后。元代又在这基础上创制了下种粪耧，兼具开沟、播种、施肥和覆土等多种功能。

收割加工农具

从原始时代起，我国收获农具就有刀和镰两种。用以掐割禾穗的石（骨、蚌）刀，无柄。操作时用手抓住刀体，一拇指伸入石刀系有的皮套中，以防脱滑。商周时的青铜铚即由此演变而来，也就是后世的爪镰。这类农具的普

收割水稻

打谷

遍使用是中国古代（尤其是上古）农业的特点之一，是与粟（粟的特点之一是攒穗型作物）的普遍种植相联系的。石（骨、蚌）镰一般有柄，收获时把庄稼连禾秆一起割下。商周时的“艾”（通刈）即青铜镰。进入铁器时代后，随着镰的普及，它开始渐渐取代了铚。镰刀类型不一，有的比较大，如钹就是长柄两刃的镰刀，先秦时已出现。唐宋时代，钹演变为钐，成为专用的割麦工具。宋元时又出现与麦钐配套的麦绰和麦笼。麦绰是带有两条活动长柄的簸箕，上安麦钐，向前伸出，利用安在腰上的一个灵活的操纵器，移动麦钐和麦绰，将远处的麦“钐”到麦绰上，装满后，即覆于后面系于腰部带轮子的麦笼中。王祯《农书》说：“北方芟麦用钐、绰、腰笼，一人日可收麦数亩。”这套获麦工具，是为适应唐宋以来北方小麦生产的大发展而创制出来的。

最初，人们是用手搓脚踩、牲畜践踏、木棍扑打等方法来使谷物脱粒。春秋时出现了连枷，脱粒效率比木棍大为提高。后来又利用碌碡在晒场上碾压谷穗以脱粒，比人畜践踏进了一步。南方水稻收获后，往往手持连秆带穗的稻把在木桶上摔打使之脱粒，明代又出现了各式稻床。这些使谷物脱粒的方法一直延用至今。谷物脱粒后，要把秕粒、颖壳和籽实分开，以获得纯净的谷粒。起初用簸箕扬（西周时已盛行），后来有用木锨扬的，都是利用风力作用。至迟汉代，我国已发明了“飏扇”，即风车。摇动风车中的叶形风扇，形成定向气流，利用它可把比重不同的籽粒（重则沉）和秕壳（轻则扬）分开。这是一项巧妙的创造，比西欧领先1400多年。谷物加工方法，一是舂、二是磨。舂的工具是杵臼，据说是庖牺氏所发明。最初的杵是一根木棍，而臼则是挖在地上的一个坑，铺以兽皮而成。这就是所谓“断木为杵，掘地为臼”。后来，人们用石臼取代了地臼，并且发明了脚碓，利用杠杆原理把手舂改为脚踏。汉代脚碓的模型和图像，现已发现了不少。东汉又出现了畜力碓和水碓。到了晋代，杜预对水碓做了改进，制成连机碓。

原始时期，人们加工谷物的最古老的方法之一便是在一块石板上手持卵石或石棒来回研磨。裴李岗文化和磁山文化使用石磨盘、石磨棒相当普遍，且制作精致，以后反而销声匿迹，被杵臼所排斥了。在这以后很久，才因石转磨的发明而使古老的磨法获得新生。石转磨由上下两块圆石组成，两石接触面有磨齿，上面的圆石可围绕中轴旋转。石转磨的发明者据说是春秋时著名工匠公输班，目前已有战国和秦代的石转磨出土。石转磨在汉代获得推广，并出现大型畜力磨。晋代杜预发明畜力连磨。早在魏晋南北朝时期就已出现了水力碾磨，到了唐代，水力碾磨有了突出发展，在关中尤为流行，官僚地主和寺观往往建造大型碾硙，作营利性经营。石转磨的主要功能之一是把麦粒磨成面粉，它的发展，是麦作发展的条件和标志之一。宋元之际又出现了同机可以完成砻、碾、磨三项工作的“水轮三事”。这些工具都以河水冲激水轮转动，并通过轮轴和齿轮带动各种磨具工作，在当时世界上都处于先进地位。

石磨

农田灌溉工具

上古时代，人们在需要灌溉时，要用瓦罐从井里把水一罐罐提上来，或

从河里把水一罐罐抱回来。古书上说的“凿隧而入井，抱瓮而出灌”，就是对这类情形的描述。春秋战国后，农田灌溉发展起来，各种新的灌溉工具也应运而生。春秋时已有采用杠杆原理提水的桔槔，又称“桥”。当时人们比较了负缶汲灌和桔槔灌溉的工效，前者“终日一区”，后者终日“百区不厌”。桔槔之外有辘轳。在汉代时期，人们就已经使用那种没有手摇曲柄的形制比较原始的辘轳水井提水，汲水时用手直接拉绳子，通过辘轳的转动把水罐提上。在很长时间内桔槔和辘轳是我国主要的井灌提水工具。曲柄辘轳的出现不晚于唐宋。唐代有人尝试用辘轳把河水提到高处，出现了利用架空索道的辘轳汲水机构——机汲，但它后来没有获得发展。

翻车，即龙骨车的出现才真正满足了大田排灌的需要，为我国农业的发展做出了巨大贡献。《后汉书》说东汉末年的宦官毕岚“作翻车”，用于洒路，是已知关于翻车的最早记载。三国时魏人马钧加以改进，用以灌园。它比较轻巧，大概是手摇的，儿童可以使用。后来的翻车主要是脚踏的。翻车出现以后很长时间内没有得到普及。隋唐时代，随着江南圩田的发展，翻车在南方获得推广，因为圩田的排灌离不开这种机械。唐代江南道蕲春县（今湖北蕲春）有“翻车水”“翻车城”，这些地方以翻车为名，反映了南方使用翻车已较普遍。因此，晚唐时在关中郑白渠灌区推广翻车要从江南延请工匠。入宋以后，描述龙骨车的诗文显著增多，它被广泛用于抗旱、排涝、高田提灌和低田排水，主要集中在两浙、江东、淮南、福建等地。翻车是利用齿轮和链唧筒的原理汲水，结构巧妙，抽水能力相当高，是我国人民的伟大创造。除了利用人力手转足踏的翻车外，又有利用畜力、水力、风力，通过轮轴传动的翻车。牛转翻车唐代已传到日本，水转翻车大概是宋元间的新创，元明间又出现了风力水车。但它们的应用远不如人力龙骨车，特别是足踏车普及。“下田戽水出江流，高垄翻江逆上沟。地势不齐人力尽，丁男常在踏车头”，这是南宋诗人范成大对江南农民使用龙骨车的描写。事实上，龙骨车是电力抽水机推广以前我国农村使用最广泛的排灌工具。

翻车和筒车是我国古代用于灌溉的两大类水车。唐代已有筒车（“水轮”）的记载。根据王祯《农书》等的描述，它是用竹木制成大型立轮，由一横轴架起，安于水边，下部没入水中，上部高出于岸。轮周槽内斜装若干小木桶或竹筒，水激轮转，轮周的小筒不断把水戽起，流到水槽后灌到

田间。筒车是一种高效的提水工具。宋代有不少描述筒车的诗，诗人用“竹龙行雨”来形容它。筒车主要在我国西南的那些地势高低相差较大、有湍急水流的地区流行。有人认为它是从印度传来的。筒车在宋元时又有新发展，出现畜力筒车（驴转筒车）和高转筒车，后者可引水至七八丈高，不过使用并不普遍。

综上所述，可见我国传统农具的成就是巨大的、多方面的，不少项目在当时处于世界领先地位。传统农具的发展既是以冶金业与冶金术的进步为基础，也和精耕细作农业技术的发展密切相关。随着精耕细作技术的发展，传统农具不断优化其结构性能，不断增加其品种样式，并形成完整的系列。我国传统农业种类很多，不同地区、不同类型农田、不同土壤、不同农活及其不同生产环节，都有不同的适用农具，以满足精耕细作农业技术的各项要求。我国的传统农具制作精巧，除了耕获工具的主体部分是用铁材料外，其余部分都是用的竹木材料。如犁，除犁头、犁壁外全用木料，水车、风车、耧车等几乎全用竹木制成，甚至连铁钉都不要，不但成本低，而且特别轻巧，又往往一器多用，这既适合精耕细作的要求，也适合小农经营的经济条件。因此，传统农具往往具有很强的生命力。

我国传统农具的发展经历了两个黄金时代，一个是秦汉时期，另一个是唐宋时期。至此，传统农具已发展到完全成熟阶段。明清基本沿用宋元农具，甚少改进。有所创新的多是适应个体农户小规模经营的细小农具，甚至王祯《农书》早已记载的一些大型高效农具，明清时期反而罕见了。由于牛力不足，有的地方甚至退回人耕。明代还有使用唐代已出现的“木牛”即人力代耕架的零星记载，这虽是一种巧妙的创造，但在使用动力上不能说是进步，而且使用并不普遍。总之，明清时代已失去两汉或唐宋那种新器迭出的蓬勃发展气象。这一方面由于传统农具的发展已接近小农经济所能容纳的极限，同时人口膨胀所造成的劳动力的富余又妨碍了人们进行改进工具提高效率的努力。还有一点应该指出，由于小农经济占主导地位，即使在明清以前，我国历史上一些大型的先进农具创制后并没有获得普及。人工操作的各种铁锄、铁锹、铁镰、铁齿耙、碓、磨、水车等，仍然是最普遍使用的农具。

知识链接

消失的农具

1. 风车。吹去稻谷麦类粮食的草屑瘪粒等杂质的工具。上方朝一边的出口出杂质，下方朝下的出口出粮食。

2. 石磨。石制的磨干粉、水糊的工具。下盘固定，上盘旋转，上盘的圆洞添原料，下盘的周围出干粉、水糊。

3. 耙。有钉齿耙和圆盘耙等。用于碎土、平地和消灭杂草的整地农具。

4. 连枷。连枷是由一个长柄和一组平排的竹条或木条构成，用来拍打谷物，使子粒掉下来。也作梿枷。

5. 草鞋器。用稻秆或草茎等编制的鞋用的工具。

6. 畚箕。用柳条、蒲草或竹篾编织的盛物器具。也可作簸箕用。盛粮食等上下颠动，扬去糠秕尘土等物的器具。

7. 打谷板。打谷子用的农具。

第二节
中国古代的土壤改良技术

中国古代对土壤的认识

春秋以前，我们的祖先已认识到植物对土地的依赖性，《周易·离·象辞》中已有“百谷草木丽乎土”之说，不过当时对土的概念还非常模糊、笼统。我国关于土和壤的概念是在春秋战国时期开始形成的。《周礼》的“土宜之法”中，已有“辨十有二土”和“辨十有二壤”的说法，明确将土和壤做了区分。据《周礼》记载，“辨十有二土”是为了“以相民宅，而知其利害，以阜人民，以蕃鸟兽，以毓草木，以任土事”，而“辨十有二壤”则是为了“知其种以教稼穑树艺”。由此可知，前者所说的是为了因地制宜安排农林牧渔生产，所说的土是泛指土地；后者说的是种植业内部的因土种植，所说的壤，指的则是农田土壤。东汉时郑玄对土和壤的本质又做了说明，他在《周礼注》中说：“以万物自生焉，则言土。土，吐也。”即万物自生自长的地方叫土，用现在的话来说，就是自然土壤，“以人所耕而树艺焉，则言壤，壤，和缓之貌”。意思是说人们进行耕作栽培的地方叫壤，用现在的话来说，就是耕作土壤，亦即农业土壤。

也就是说，土和壤的本质区别在于土是自然形成的，壤则是通过人加工而成的。

对于地力与作物生长的关系，汉代也开始有了认识。《史记·乐书》中说：“土敝则草木不长……气衰则生物不育。”《汉书·贾邹枚路传》也说：“地之埆者，虽有善种，不能生焉。”后来，王充在《论衡》中进一步指出了地力高低与作物生长和产量的关系，他说：“地力盛者草木畅茂，一亩之收，

当中田五亩之分。苗田，人知出谷多者地力盛”，反映了在汉代人们已经认识到地力对提高产量的作用。

此外，我国古代还认识到土壤是可以改良的，但对于不同的土壤要采用不同的改良措施。宋代的农学家陈旉在《农书》中说：“土壤气脉，其类不一，肥沃硗确，美恶不同，治之各有宜也……治之得宜，皆可成就。”我国古代在土壤改良中取得的成就，可以说是这种观点的具体体现。

盐碱地改良

1. 种稻洗盐

我国有一种很古老的治理盐碱地的方法，即“种稻洗盐”。战国时，西门豹治邺，就已运用这种方法，并取得了“终古斥卤，生之稻粱”的成效。明万历时，保定巡抚汪应蛟，在葛沽、白塘盐碱地上开荒用的也是这种办法。据记载，当时“垦田五千余亩，其中十分之四是稻田，当年亩收四五石”，比原来“亩收不过一二斗”提高了几十倍。清代康熙时，天津总兵监理，引海河水围垦稻田二万余顷，亩收三四石。那时候的天津，水田漠漠，景象动人，被人称为“小江南”。雍正时，清政府在宁河围垦，使这一地区“斥卤渐成膏腴”。清咸丰时，科尔沁亲王僧格林沁在大沽、海口一带围垦，垦得稻田 4200 余亩，斥卤变成沃壤。可见种稻洗盐一直为人们所重视，并在改良盐碱土中取得过明显的成效。不过在北方引水种稻改良盐碱土，一定要注意引得进、排得出、排得畅，否则容易造成次生盐碱的严重后果，这在历史上是有过深刻教训的。

2. 开沟排盐

战国时期，人们发明了一种“开沟排盐”的方法，《吕氏春秋·任地》中就有“子能使吾土靖而圳浴土乎”的记载，已将开沟排盐作为当时发展农业生产的十大问题之一。开沟排盐措施比较简单，因而这一方法一直为后世所沿用。清乾隆二十八年（1763 年）《济阳县志》载：“碱地四周犁深为沟，以泄积水，如不能四面尽犁，即就最低之一隅挑挖成沟，或将碱地多开沟弯为泄水之区，以卫承粮地亩，是以无用之抛荒，而为永远之利益

矣。”这便是其中之一例。

3. 淤灌压盐

战国时期，人们还发明了一种改良盐碱地的方法，即“淤灌压盐”。秦王嬴政元年（前246年），在修建郑国渠时，就使用了这种方法，“用注填阏之水，溉泽卤之地”。结果关中变成沃野，被人称为“天下陆海之地”。在我国历史上规模最大的淤灌压盐，是宋神宗熙宁时期，地域遍及河南、河北、山西、陕西一带，宋朝政府还专门成立了淤田司来管理这项工作。据记载，熙宁淤灌取得了巨大的成效：一方面改良了大片盐碱地，另一方面提高了产量。

熙宁淤灌，还留下不少技术经验。一要掌握好淤灌季节，因为不同季节，水流含淤的成分和浓度不一样，不是任何时候淤灌都能收到改土的效果。《宋史·河渠志》说：“夏则胶土、肥腴，初秋则黄灰土，颇为疏壤，深秋则白灰土，霜降后皆沙也。”因此，进行淤灌压盐一般都是在水流中含淤量最丰富的季节。二要处理好淤灌同航行的矛盾，否则容易发生上游放淤、下游阻运的事故。《续资治通鉴长编》说：熙宁六年（1073年）放淤，“汴水比忽减落，中河绝流，其洼下处才余一二尺许，访闻下流公私重船，初不预知放水淤田时日，以致减剥不及，类皆搁折损坏，致留滞久，人情不安”，造成了航运事故。三要处理好淤灌同防洪的矛盾，淤灌一般都在汛期或涨水时期，这时流量大，水势强，如不注意，就会造成决口，泛滥成灾，危及百姓的生命财产的安全。《梦溪笔谈》载：“宋熙宁中，濉阳界中发汴堤淤田，汴水暴至，堤防颇坏陷将毁，人力不可制，部水监丞侯叔献，时溢其役，相视其上数十里有一古城，急发汴堤，注水入古城中，下流溢涸，急使人治堤陷，次日，古城中水盈，汴流复行，而堤陷已完矣。”寥寥数语，便描绘出了一场惊心动魄的抢险斗争，要不是侯叔献当机立断，及时处理，就会酿成一场大祸。可见放淤时，这个问题是一点也大意不得的。

4. 绿肥治碱

绿肥治碱就是利用绿肥来提高盐碱地的有机质以防泛碱。初见于《增订教稼书》，书中记载，在无水种稻的地方，可“先种苜蓿，岁芟其苗食之，四年后犁去其根，改种五谷、蔬果无不发矣。苜蓿能暖地也”。道光《扶沟县志》说：

“种苜蓿之法最好，苜蓿能暖地，不怕碱，其苗可放牲畜，三四年后，改种五谷，同于膏壤矣。”明清时期，不少地方已使用这种方法治理盐碱地。

5. 种树治碱

清代时期，人们发明了“种树治碱”这种改良盐碱地的方法。道光十八年（1838 年）的史料中有详细记载，“卤碱之地，三二尺下不是碱土，掘沟深二尺宽三尺，将柳橛如鸡卵粗者砍三尺长，小头削光，隔五尺远一科，先以极干桑枣杏槐者，木如大馒头粗者三尺半长，下用铁尖，上用铁束，做个引橛，拽一地眼，将柳橛插下九分，外留一分，乃将湿土填实，封个小堆，得一二个月芽出，任其几股，二年后就地砍之，第三年发生，粗大茂盛，要做梁檩，只留一二股，不消十年都成材料。其次于正月后二月前。或五六月大雨时，将柳枝截三尺长，掘一沟，密密压在沟内，入土八分，留二分，伏天压桑也照此法，十有九活，盗贼难拔，牲畜难咬，天旱封堆不干，天雨沟中聚水，又不费浇根。入地三尺又不怕碱。十年后，沙地、碱地和麻林一般矣”。这段记载表明，清代时期，人们种树治碱在树种选择、栽种技术、管理措施、躲盐方法等方面都已积累了不少经验。

6. 深翻压碱

清代还有一种改良盐碱地的方法即“深翻压碱”，它是一种将地表的盐碱土翻压在地下的方法，流行于山东、河南、河北、江苏一带。其治碱的效果是相当显著的。道光十八年《观城县志》中说：“掘地方数尺，深四五尺，换以好土，以接地气，二三年后，则周围方丈地皆变为好土矣。”光绪《阜宁县志》说：“田之尤瘠者，卤气上腾，禾稼尽萎，名曰碱田，而其下深一二十尺，必有黑泥，农人掘地埋碱，易黑泥覆于上，地顿饶沃，亩收数种。”

冷浸田改良

冷浸田是分布于南方的酸性土壤，其特点是土温低，缺磷钾元素，因而影响水稻的生长及产量的提高。历史上，我国人民一直很注重对冷浸田的改良。其具体办法有下列几种。

1. 熏土增温

宋代时期，人们发明了熏土增温这种改良冷浸田的方法。陈旉《农书》说："山川原隰多寒，经冬深耕，放水干涸，雪霜冻冱，土壤苏碎。当始春，又遍布朽薙腐草败叶以烧治之，则土暖而苗易发作，寒泉虽冽，不能害也。若不然，则寒泉常浸，土脉冷而苗稼薄矣。"《江南催耕课稻编》载，在福州，其治理的方法是"先于立春之十五日前，或十日前，将田中稻根残藁，划割务尽，田土晒干，于是始犁，每亩之土翻作二百余堆，乃用火化之法，每堆以一束干草重六七斤者，杂树叶禾藁及土烧之"。在云南，据康熙三十九年（1700年）《顺宁府志》记载，当地治冷浸田的办法是"农人治秧先堆犁块如窑塔状，中空之，插薪举火，土因以焦，引水沃之，爰加犁耙，土乃滑腻，气乃苏畅，方可布种，倘烧犁少不尽善而或失时，则秧未可问矣"。乾隆八年（1743年）《南靖县志》载："冬则除藁聚如墩，覆以泥，火焚之，谓之灼田。"

筒车

2. 冬耕冻垡

宋代时期，人们还发明了一种改良冷浸田的方法，即冬麦冻垡。湖南《宁乡县志》载："秋获毕，即耕田蓄水，曰打白水。以七月八月为美，九月十月次之，有七金、八银、九铜、十铁之谚。"《桂阳县志》说："近山田水寒者，……至冬维蓄水犁田，无复栽种，若冬干则来岁收歉。"

此外，还有用烤田的办法治理冷浸田的。明《菽园杂记》记载："新昌、嵊县有冷田，不宜早禾，夏至前后始插秧，秧已成科，更不用水，任烈日暴，土坼裂不恤也。至七月尽八月初得雨，则土苏烂而禾茂长，此时无雨，然后汲水灌之。若日暴未久，而得水太早，则稻科冷瘦，多不丛生。"

3. 施用石灰和骨灰

清代时期，人们开始施用石灰和骨灰来改良冷浸田。乾隆五十四年（1789年）《黔阳县志》说，当地“禾苗初耘时，撒灰于田，而后以足耘之，其苗之黄者，一夕而转深青之色，不然则薄收”。道光八年（1828年）湖南《永州府志》：“山田多寒，假灰性以暖其土，使苗易发而冽泉不能损稼也。”光绪元年《兴宁县志》说：当地“山高多阴，水寒而冽……故必须用牛骨烧灰调水蘸根乃插，否则秀而少实”。道光十九年（1839年）广东《长宁县志》说：“春耕必用石灰以粪田，或谓土寒，非灰苗不秀云。”

知识链接

云梦睡虎地秦简中的农业内容

1975年，湖北云梦睡虎地11号秦墓出土简书10种，其中多有可以补充史籍记载的珍贵资料。云梦睡虎地秦简所提供的经济史料，使我们对于当时社会经济生活的若干具体情形，得到了一些新的认识。

《秦律十八种》涉及的内容相当广泛。例如，《田律》规定，降雨及时，谷物抽穗，各地应当及时以书面形式上报受雨、抽穗的耕地顷数以及虽开垦却没有播种的田地的顷数。禾稼出苗之后降雨，也应当立即报告雨量多少和受益田地的面积。如果发生了旱灾、风灾、涝灾、蝗灾和其他虫灾，使农田作物遭受损害，也要上报灾区范围。距离近的县，由步行锋捷的人专程呈送上报文书。距离远的县，由驿传系统交递，都必须在八月底以前送达。中央政府于是可以全面了解农业形势，严密注视生产进度，准确估算当年收成，进而实施必要的管理与指导，进行具体的规划与部署。《厩苑律》规定，在四月、七月、十月和正月评比耕牛。满一年，在正月进行大规模的考核。考核中成绩领先的，赏赐田啬夫酒一壶、肉脯一束，饲

牛者可以免除一年更役，有关人员还可以得到相应的奖励。律文还规定，如果用牛耕田，牛因过度劳累致使腰围减瘦，每减瘦一寸，主事者要受到笞打十下的惩罚。在乡里进行的考核中，成绩优异和成绩低劣的，也各有奖惩。我们还看到这样的法律条文：借用铁制农具，因原器破旧而损坏，以文书形式做正常损耗上报，回收原器，不令赔偿。律文还规定，使用或放牧官有的牛马，牛马若有死亡，应立即向当时所在的县呈报，由县进行检验之后，将死牛马上缴。如果上报不及时，要受到相应的惩罚。如果是大厩、中厩、宫厩的牛马，应将其筋、皮、角和肉的价钱呈缴，由当事人送抵官府。如果小隶臣死亡，也应将检验文书报告主管官府论处。每年对各县、各都官的官有驾车用牛考核一次，牛在一年间死亡超过定额的，主管官员和饲牛的都有罪。

第三节 中国古代的施肥技术

我国在战国时代已开始使用肥料，但当时并没有文献记载使用肥料的具体方法。最早记载我国施肥技术的是西汉的《氾胜之书》，从书中的记载来看，当时的施肥技术已有基肥、追肥、种肥之分，只是当时未有这种专有名称而已。

南北朝时期，人们遵循粪大水勤的施肥原则来栽培蔬菜，《齐民要术》记载有蔬菜多次施肥的情况。唐宋时期，我国特别重视肥料的腐熟和施用量的适中，

这种施肥的方法当时称之为“粪药”。明清时期，特别重视基肥的施用和施肥上的“三宜”（时宜、地宜和物宜），从而形成了我国一套传统的施肥技术。

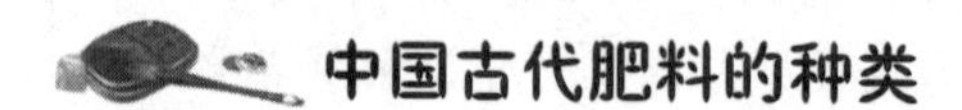

中国古代肥料的种类

由于我国古代人民十分重视废物的再利用，所以我国肥料的种类有很多。战国时，我国已使用人粪尿、畜粪、杂草、草木灰等做肥料。

到秦汉时期，厩肥、蚕矢、缲蛹汁、骨汁、豆萁、河泥等亦被利用为肥料，其中厩肥在这时特别发达。新中国成立后，我国曾出土过大量的连厕圈，如河南辉县出土的汉代连厕猪圈。这种将猪圈和厕所连在一起的连厕圈，反映了当时对养猪积肥的重视和普遍。同时，这也是养猪积肥在我国有着悠久历史的反映。

魏晋南北朝时期，我国又增加了两个新的肥料来源，即旧墙土和栽培绿肥。栽培绿肥作肥料，在我国肥料发展史上具有重要的意义，它为我国开辟了一个取之不尽、用之不竭的再生肥料来源。栽培绿肥最先出现在晋代的《广志》中，用的是苕子作绿肥。书中说“苕草色青黄紫花，十二月稻下种之，蔓延殷盛，可以美田，叶可食”。这里的苕子便是一种冬绿肥。到北魏时，又扩大为夏绿肥，据《齐民要术》记载，种类有绿豆、小豆、胡麻（芝麻）等。当时使用的效果很好，肥效很高，“为春谷田，则亩收十石，其美与蚕屎熟粪同”，具有明显的增产效果。到宋元时期，又增加了饼肥。一些无机肥料如石灰、石膏、硫黄等也开始在农业生产上应用。据统计，宋元时期的肥料有粪肥 6 种、饼肥 2 种、泥土肥 5 种、灰肥 3 种、泥肥 3 种、绿肥 5 种，稿秸肥 3 种、渣肥 2 种、无机肥料 5 种、杂肥 12 种，共计 46 种。其中饼肥和无机肥的使用，是这一时期的新发展。

施肥

明代时期，由于我国种植业的飞速发展，多熟和复种指数都空前提高，对肥料的需要也大大增加。千方百计扩大

肥源，增加肥料，成为这一时期发展农业生产的重要内容，肥料种类因此也不断增加。据统计，当时的肥料就有 11 大类。

粪肥：人粪、牛粪、马粪、猪粪、羊粪、鸡粪、鸭粪、鹅粪、鸟栖扫粪、圈鹿粪 10 种。

饼肥：菜籽饼、乌桕饼、芝麻饼、棉籽饼、豆饼、莱菔子饼、大眼桐饼、楂饼、猪干豆饼、麻饼、大麻饼 11 种。

渣肥：豆渣、青靛渣、糖渣、果子油渣、酒糟、花核屑、豆屑、小油麻渣、牛皮胶、各式胶渣、真粉渣、漆渣 12 种。

骨肥：马骨屑、牛骨屑、猪骨屑、羊骨屑、鸟兽骨屑、鱼骨灰 6 种。

土肥：陈墙土、熏土、尘土、烧土、坑土 5 种。

泥肥：河泥、沟泥、湖泥、塘泥、灶泥、灶千层肥泥、畜栏前铺地肥泥 7 种。

灰肥：草木灰、乱柴草、煨灰 3 种。

绿肥：苕饶、大麦、小麦、蚕豆、翘饶、陵苕、苜蓿、绿豆、胡麻三叶草、梅豆、拔山豆、稽豆、葫芦芭、油菜、肥田萝卜、黧豆、茅草、蔓菁、天蓝、红花、青草、水藻、浮萍 23 种。

稿秸肥：诸谷秸根叶、芝麻秸、豆箕、麻秸 4 种。

无机肥料：石灰、石膏、食盐、卤水、硫黄、砒霜、黑矾、螺灰、蛎灰、蛤灰、蚝灰 11 种。

杂肥：各类禽毛畜毛、鱼头鱼脏、蚕砂、米泔、豆壳、蚕蛹、浴水洗衣灰汁等 40 余种。

明清时期，我国肥料的种类总计有 130 余种。其中有机肥料占绝大多数，反映了我国古代以有机肥料为主、无机肥料为辅的肥料结构特点。这一时期肥料的发展，有两方面特别受到人们的重视：一是养猪积肥，二是种植绿肥。

基肥施用和看苗施肥

我国古代，基肥称为“垫底”，追肥称为“接力”，在基肥和追肥的关系上，我国古代人民一直重视基肥。

明代袁黄在《宝坻劝农书》中，从两个方面说明施肥必须重视基肥的原因，他说：“垫底之粪在土下，根得之而愈深，接力之粪在土上，根见之而反上，故善稼者皆于耕时下粪，种后不复下也。”这是从作物吸收养分的特性上来阐述的。在肥料对土壤改良的作用方面，袁黄又说：“大都用粪者要使化土，不徒滋苗。化土则用粪于先，而使瘠者以肥，滋苗则用粪于后，徒使苗枝畅茂而实不繁。”后来清代的杨屾在《知本提纲》中亦继承了袁黄的这种重视基肥的看法，他说：“用粪贵培其原，必于白地未种之先，早布粪壤，务令粪气滋化和合土气，是谓胎肥。然后下种生苗，胎元祖气，自然盛强，而根深干劲，子粒必倍收。薄田下种，胎元不肥，祖气未培，虽沃粪终长空叶，而无力于子粒也。”

明末的《沈氏农书》中对于基肥则提出了新看法：“凡种田总不出粪多力勤四字，而垫底尤为紧要。垫底多则虽遇水大，而苗肯参长浮面，不致淹没，遇旱年虽种迟，易于发作。”这就是说，重施基肥还有抗御水旱灾害的作用。

上述材料说明，我国古代人民是高度重视施用基肥的，只是各人的着眼点有所不同，这可能同我国古代施用的肥料种类有密切的关系。我国古代施用的肥料，主要是农家杂肥，这种肥料分解的时间长，而且肥效慢，用作基肥，可以随着它的逐步分解而徐徐发力，发挥肥效稳而长的作用。而追肥一般要求速效，农家肥则很难发挥这个作用；气候比较寒冷的北方，有机肥分解更慢，这大概是我国古代特别重视施用基肥的原因。《宝坻劝农书》和《知本提纲》的作者，都强调基肥是正确的。但将基肥和追肥对立起来，忽视追肥的作用，这种看法同样也是片面的。

明清时期，出现于太湖地区的杭嘉湖平原上的稻田看苗施肥技术，最能代表我国古代施肥的技术水平。据《沈氏农书》记载：“盖田上生活，百凡容易，只有接力一壅，须相其时候，察其颜色，为农家最要紧机关。”这里的“相其时候”“察其颜色”，用现在的话来说，就是看作物生长的发育阶段和营养状况来决定，也就是我们所说的看苗施肥。书中除提出单季晚稻施追肥所要注意的两个原则外，还介绍了稻田施用追肥的具体方法：“下接力须在处暑后，苗做胎时，在苗色正黄之时，如苗色不黄，断不可下接力，到底不黄，到底不可下也。若苗茂密，度其力短，俟抽穗之后，每亩下饼三斗，自足接其力，切不可未黄先下，致好苗而无好稻。”作胎，是指孕穗，苗做胎时是指幼穗分化时期。幼穗分化时，是作物需要肥水最多的时期，抓住这个时期施肥就能为作物的丰收奠定基础。这一时期也正是单季晚稻从营养生长向生殖生长转变时期，反映这个转变的，就是稻苗叶色由浓绿转淡，也就是书中所说的在“苗色正黄之时”，稻草叶色由浓转淡是稻草需要追肥的标志。如果这

一时期叶色不转淡，表明稻苗这时贮存的养分还足，或是还未从营养生长向生殖生长转化，故不能贸然施追肥，否则就会造成恋青、倒伏、“有好苗而无好稻”的结果。如果稻苗生长茂密，恐后期缺肥脱力，可以在抽穗后施三斗饼肥以接其力。总之，“切不可未黄先下”，这是必须遵循的一个原则。最后《沈氏农书》说：“无力之家，既苦少壅薄收，粪多之家，每患过肥谷秕，究其根源，总为壅嫩苗之故”，进一步指出了看苗施肥的重要性。这种以苗色变黄与否来决定是否施追肥的方法是建立在对水稻生长发育的生理有深刻认识的基础之上的，因而是十分科学的。这种看苗施肥的方法一直保存到今天，成为我国水稻施肥技术中的一项宝贵的农业遗产。新中国成立后，著名的全国劳动模范陈永康所提出的水稻“三黑三黄”理论和栽培经验，可以说是对历史上看苗施肥技术的继承与发展。

合理施肥和施肥“三宜”

我国古代施肥技术中还有一个基本措施，即合理施肥。早在宋元时代，在施肥问题上我国已一再强调要“用粪得理”，也就是现代所说的合理施肥。

粪肥一直是古代农业的主要肥料

什么才叫合理施肥呢？合理施肥是指肥料种类的选择是否适合土壤的性质，以及肥料的施用量、施用时间、施用方法是否适当等。

南宋陈旉在《农书》中说：“相视其土之性质，以所宜之粪而粪之，斯得理矣，俚谚谓之粪药，以言用粪犹用药也。”陈旉指出施肥要因土而异，要看土施肥，元代王祯也强调合理施肥，他在《农书》中说：“粪田之法，得其中则可”，“若骤用生粪及布粪过多，粪力峻热，即烧杀物，反为害矣”。这是指施肥的量要适中，施用的肥料要腐熟。

明清时期，这种合理施肥的思想依旧一直贯彻在具体的施肥过程中。例如，《宝坻劝农书》说，紧土（黏土）、缓土（沙土）宜用河泥，而寒土（酸性土）则宜用石灰及草灰。《沈氏农书》说：“羊粪宜于地（桑地），猪壅宜于田（稻田），灰忌壅地，为其剥肥，灰宜壅田，取其松泛。”这些都是因地制宜的施肥方法。又如，《吴兴掌故集》说：“湖之老农言，下粪不可太早，太早而后力不接，交秋多缩而不秀。初种时必以河泥作底，其力虽慢而长，伏暑时稍下灰或菜饼，其力亦慢而不迅速。立秋后交处暑，始下大肥壅，则其力倍而穗长矣。”这也是一种因时制宜的施肥方法。再如，《沈氏农书》说：“麦要浇子，菜（油菜）要浇花。”《交民四术》说：“凡粪麦，小麦粪于冬，大麦粪于春社，故有大麦粪芒，小麦粪桩之谚。”这是说针对不同的作物要有不同的施肥方法，即施肥要注重因物制宜。

清代杨屾在《知本提纲》中对这一时期的施肥经验做了系统的总结，提出了“施肥三宜”的施肥原则。书中说施肥有“时宜、土宜、物宜”之分。“时宜者，寒热不同，各应其候：春宜人粪、牲畜粪；夏宜草粪、苗粪（绿肥）；秋宜火粪；冬宜骨蛤、皮毛粪之类也。土宜者，气脉不一，美恶不同，随土用粪，如因病下药，即如阴湿之地，宜用火粪，黄壤宜用渣粪，高燥之处宜用猪粪之类是也，相地历验，自无不宜，又有兼卤之地，不宜用粪，用则多成白晕，诸禾不生。物宜者，物性不齐，当随其情，即如稻田宜用骨蛤蹄角粪、皮毛粪，麦粟宜用黑豆粪、苗粪，菜蓏宜用人粪，油渣之粪是也。皆贵在因物验试。各适其性，而收自培也。”直到今天，杨屾“施肥三宜”的原则依旧是合理且科学的，反映了清代在肥料积制和施用肥料的技术上已达到了相当高的水平。

第四节 中国古代的耕作技术

中国古代耕作制度的演变

耕作制也叫“农作制”，它是种植农作物的土地利用方式及有关技术措施的总称。耕作制度的演变，一般是由撂荒经过休闲发展到连种和轮作。它是随着人类的繁衍、社会经济制度的发展和科学技术的进步而发展的。中国古代耕作制度的演变是符合这个发展规律的，但又有自己的某些特点。

1. 原始时期的撂荒制

原始社会时期，我国的耕作制度是撂荒制，它也是我国最早使用的耕作制度，其具体表现形式为刀耕火种。这种原始的耕作制度，在解放前还在云南怒江的独龙族中使用着。据记载，它的耕作方法是：“江尾虽有俅牛，并不用之耕田，农器亦无犁锄，所种之地，唯以刀伐木，纵火焚烧。用竹锥地成眼，点种苞谷，若种荞麦、稗、黍之类，则只撒种于地，用竹帚扫匀，听其自生自实，名为刀耕火种，无不成熟。今年种此，明年种彼，将住房之左右前后土地分年种完，则将房屋弃之，另结庐居，另砍地种，其所种之地，须荒十年、八年，必须草木畅茂，方行复砍复种。”（李根源《求昌府征文》）我国原始社会中的刀耕火种，大体便是这一类型。

春节与农业的关系

春节和年的概念，最初的含意来自农业，古时人们把谷的生长周期称为“年”，《说文·禾部》：“年，谷熟也。”在夏商时代产生了夏历，以月亮圆缺的周期为月，一年划分为十二个月，每月以不见月亮的那天为朔，正月朔日的子时称为岁首，即一年的开始，也叫年，年的名称是从周朝开始的，至西汉才正式固定下来，一直延续到今天。但古时的正月初一被称为“元旦”，直到中国近代辛亥革命胜利后，南京临时政府为了顺应农时和便于统计，规定在民间使用夏历，在政府机关、厂矿、学校和团体中实行公历，以公历的元月一日为元旦，农历的正月初一称“春节”。

2. 夏、商、西周时期的休闲耕作制

约在夏、商、西周时期，我国开始出现休闲耕作制。典型的休闲形式，便是西周时期“菑、新、畬”的土地利用方式。《诗经·小雅·采芑》中有“薄言采芑，于彼新田，于此菑亩”的记载，《诗经·周颂·臣工》中有“嗟嗟保介，维莫之春，亦有何求，如何新畬”的记载。对此《尔雅·释地》做过这样的解释：“田，一岁曰菑，二岁曰新田，三岁曰畬”，菑、新、畬是一块农田三年中所经历的三个不同利用阶段。据古人的解释，菑是“不耕田”，即休闲的田；新是“新成柔田”，即休闲后重新耕种的田；畬是“悉耨”的田，即耕种一年后土力舒缓柔和的田。可见菑、新、畬是以三年为一周期的一年休闲、两年耕种的休闲种植制度。与撂荒制相比，这种休闲耕作制的优势在于：一是耕地闲置的期限大大缩短，土地利用率有了提高；二是开始对自然有计划地恢复地力，已将用地和养地结合起来。

3. 春秋战国时期的连年种植制

春秋战国时期，在休闲种植制度的基础上，我国的耕作制度发展为连年种植制度。这种连年种植制在春秋时期已经出现，《周礼·地官》中所记的“不易之地”就是一种连年种植的耕地。战国时各诸侯国纷纷变法，“辟草莱，任土地”，大力开垦生荒地和熟荒地来发展生产，连年种植制在这一时期有了明显的发展。连年种植制的发展和这一时期小农经济的形成、铁农具的使用与施肥技术的创造是分不开的。

4. 两汉时期的轮作复种制

汉代，我国北方又从连年种植制的基础上发展为轮作复种制度。其实，轮作复种技术早在我国的春秋战国时期就有记载：《荀子·富国》中说：“今是土之生五谷也，人善治之，则亩数盆，一岁而再获之。”《管子·治国》中说：“常山之东，河汝之间，蚤生而晚杀，五谷之所蕃熟，四种而五获。”这讲的都是复种。《吕氏春秋·任地》中有“今兹美禾，来兹美麦”的记载，这讲的是轮作。但这一时期的轮作复种，只是局部地区出现的个别现象，到汉代才形成一种耕作制度。郑玄注《周礼·地官·稻人》引郑众说：“今时谓禾下麦为荑下麦，言芟刈其禾于下种麦也。”郑玄又在《周礼·薙氏》注中说：“今俗谓麦下为夷下，言芟夷其麦以种禾、豆也。”郑玄是东汉末年人，郑众是东汉初年人，这说明东汉时期轮作复种已在我国北方形成制度了。这种轮作复种制的种植方式是禾—麦—豆的轮作，是种二年三熟制。

5. 魏晋南北朝时期的禾豆轮作制与绿肥轮作制

在魏晋南北朝时期，一种以豆科作物为中心的种植制度开始形成，它是在汉代三科作物轮作的基础上发展起来的。这种种植制度包括豆科作物同禾谷类作物进行轮作的禾豆轮作制和豆科绿肥同其他作物进行轮作的绿肥轮作制。

禾豆轮作制主要包括以下几种轮作方式：

绿豆（小豆、瓜、麻、胡麻、芜青或大豆）—谷—黍、穄（小豆或瓜）；

大豆（或谷）—黍、穄—谷（瓜或麦）；

麦—大豆（小豆）—谷（黍、穄）；

小豆—麻—谷；

小豆（晚谷或黍）—瓜—谷。

绿肥轮作制主要包括以下几种轮作方式

稻苕轮作。《广志》："苕草、色青黄紫华，十二月稻下种之，蔓延殷盛，可以美田。"

谷、绿豆（或小豆、胡麻）轮作。《齐民要术》："凡美田之法，绿豆为上，小豆、胡麻次之。悉皆五六月穊种，七月八月犁穊杀之。为春谷田，则亩收十石，其美与蚕矢熟粪同。"

葵、绿豆轮作。《齐民要术》："若粪不可得者，五六月中穊种绿豆，至七月八月，犁穊杀之，如以粪粪田，则良美与粪不殊，又省功力。"

这种有意识地把豆科作物纳入轮作周期、提高土壤肥力的做法，是我国古代轮作制中一个重大的特点，这也是我国生物养地的先例。

6. 唐宋时期的稻麦两熟制

唐宋时期，由于人口大量南迁，江南人口急剧膨胀，土地开始供不应求。北人南移又增加了南方对麦子的需求量，麦价因此猛涨。为了解决人多地少的矛盾和满足社会上对麦子的需要，江南地区开始利用稻田的冬闲时期来种麦，这样便在南方形成了稻麦两熟制。稻麦两熟制最先出现于唐代。唐樊绰在《蛮书》中说："从曲靖以南，滇池以西，土俗唯业水田，种麻、豆、黍、稷，不过町疃。水田每年一熟，从八月获稻，至十一月、十二月之交，便于稻田种大麦，三月、四月即熟。收大麦后还种粳稻，小麦即于岗陵种之。"说明唐代我国已有稻麦两熟制，主要流行于云南，种植的形式是稻与大麦搭配。到了宋代，长江下游地区也开始实行稻麦两熟制。北宋时，据《吴郡图经续记》记载，苏州地区已"刈麦种禾（稻），一岁再熟"，已形成稻麦一年二熟制。以后，便逐步推广到其他地区，一年两熟制的内容，也有了新的变化，稻除同麦轮作外，还同油菜、蚕豆、蔬菜等进行轮作。稻麦两熟制在江南的形成，在经济上和农学上都有重要意义。第一，它增加了复种指数，提高了土地利用率，为增加粮食来源，缓和耕地不足的矛盾，开辟了新的途径。第二，它起到了水旱轮作、熟化土壤的作用，对保持和提高地力具有不小的功效。所以南宋的农学家陈旉称这种

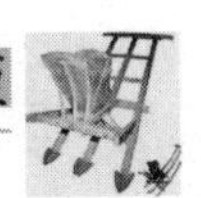

种植制度既具有“熟土壤而肥沃之”的提高地力作用，又有“以省耒岁功役，且其收足，又以助岁计也”（陈旉《农书》）的经济意义。至今，稻麦两熟制仍是江南稻区的主要种植制度。

7. 明清时期的南方双季稻、三熟制以及与北方两年三熟制

明清时期，尤其是清代，我国的人口呈爆炸性增长。明洪武十四年（1381 年）为 5987 万人，到清道光十四年（1834 年）猛增到 40100 万人，在 453 年中，人口增加了 5.7 倍。与此同时，人均耕地不断下降，从明代初期的 14.56 亩/人，到道光时下降到 1.65 亩/人，从而在全国范围内形成了一个人多地少、耕地不足的严重矛盾。提高复种指数，是当时解决这一矛盾的重要措施之一。这样，多熟种植在明清时期便在我国迅速发展起来，主要表现是南方双季稻和三熟制的发展以及北方两年三熟制的普及。

在历史上，双季稻又称再熟稻，它主要是利用再生稻的办法来求得“再熟”，但面积十分有限，古代称为“再撩稻”或“稻孙”。在明清时期，双季稻获得了极大发展，而且利用的方式也和历史上不同，主要是利用连作和间作。

连作稻的分布，据明代《天工开物》记载：“南方平原，田多一岁两栽两获者”，“六月刈初禾，耕治老藁田，插再生秧”，说明双季连作稻主要分布在南方。清代《江南催耕课稻篇》说：“闻两湖之间早晚两收者，以三、四、五月为一熟，六、七、八月为一熟，必俟早稻刈后，始种晚稻。安徽桐城、庐江等县亦然，其种法与广东广西同”，说明双季连作稻在清代主要分布在湖南、湖北、安徽、广东、广西等省。

间作稻的分布，明代《农田余话》记载：“予常识永嘉儒者池仲彬，任黄州、黄陂县主薄，问之，言其乡以清明前下种，芒种莳苗。一垄之间，稀行密莳，先种其早者，旬日后，复莳晚苗于行间，俟立秋成熟，刈去早禾，锄理培壅其晚者，盛茂秀实，然后得其后熟。”这说明间作稻在明代的浙江温州地区就已经存在。清代《江南催耕课稻篇》说：“浙江温州、台州等府及江西袁州、临江等府，早稻既种，施以晚稻参插其间，能先后两熟，其种法与福建同。”反映了清代浙江、江西、福建等地都有间作稻的分布。

在长江流域以南和华南沿海一带，流行的耕作制度主要是三熟制。其种植方式是双季稻加一季旱作，主要的是麦、稻、稻一年三熟制。例如，万历《福州府志》说：“每于四月刈麦之后，仍种早晚两稻，故岁有三熟。”同治

《江夏县志》说："谷分早秧、晚秧，早秧于刈麦后即插，六月中获之插晚秧于获早稻后，仲秋时获之。"《江南催耕课稻篇》说："今俗以不种麦者为白地。种麦者为麦地，每于四月割麦之后，仍种早晚两稻，故岁有三熟。"

除了麦、稻、稻一年三熟制之外，还有麦、稻、豆一年三熟制。明嘉靖安徽《太平县志》载，浙江黄岩"既获稻，乃艺菽，收菽种麦"。清代《邵阳县酌时急务条示》中说，湖南一些地方"禾尽而豆亦种齐，冬初豆熟又复种麦，来夏麦熟，又复种禾，周而复始，循环无间，是湖南一岁之田，较江浙更可三收其利"。此外，《广东通志》记载，惠州府有稻、稻、菜。《广东新语》记载，广东、广西有三季稻。《调查广州新宁县实业情形报告》中有薯、薯、稻；稻、稻、薯；稻、稻、萝卜等多种形式的三熟制。

在北方，主要推行的耕作制度是三年四熟制和二年三熟制。其地区主要集中在山东、河北和陕西的关中等地，种植的基本形式是以粮食为主，适当加入养地作物、配合油料作物和秋杂粮，清代刘贵阳在《说经残稿》中记载的就是这种耕作制："坡地（俗谓平壤为坡地），二年三收，初次种麦，麦后种豆，豆后种蜀黍、谷子、黍、稷……涝地（俗谓污下之地为涝地），二年三收，亦如坡地，惟大秋概种糁子……麦后亦种豆。"多熟种植的推行，不仅增加了粮食产量，还提高了土地利用率，至今仍是我国解决人多地少、耕地不足矛盾的一个重要措施。

中国古代的土壤耕作原则

土壤耕作原则是将土壤耕作的实践经验上升到理论，用以指导农业生产的原则。战国时，我国已出现土壤耕作的五大原则，《吕氏春秋》记载："凡耕之大方，力者欲柔，柔者欲力；息者欲劳，劳者欲息；棘者欲肥，肥者欲棘；急者欲缓，缓者欲急；湿者欲燥，燥者欲湿。"

"力者欲柔，柔者欲力"，说的是既要使过于紧密的土壤疏松些，又要使过于疏松的土壤紧密些，使土壤结构处于松紧适度的状态。

"息者欲劳，劳者欲息"，说的是在土壤耕作上要贯彻用地和养地相结合的原则，要使休闲的土地得到利用，又要让被过度利用的土地得到休闲以恢复地力。

"棘者欲肥，肥者欲棘"，说的是要求通过土壤耕作来调节肥力状况，要

使瘠薄的土壤肥沃起来，又要降低那些过肥土壤的肥力。

“急者欲缓，缓者欲急”，指的是土壤保肥能力的强弱和肥力释放的快慢。急者欲缓，是对保肥能力弱、肥力释放快的土壤，要提高保肥力，使肥力释放平稳些；缓者欲急，是指对保肥能力强、肥力释放慢的土壤，要提高其肥分的释放程度。

“湿者欲燥，燥者欲湿”，指的是要调节好土壤的水分状况，减轻旱涝为害。使过于湿润的土壤干爽些，使过于干燥的土壤湿润些。

这五大土壤耕作原则的基本精神是采取相应措施，改善土壤结构状况，协调土壤中的水肥条件，为农作物的生长发育创造良好的土壤条件，从而为我国的土壤耕作奠定了基本原则。

汉代，氾胜之根据北方旱作的经验，又总结了“得时之和、适地之宜”的耕作原则。指出“得时之和，适地之宜，田虽薄恶，收可亩十石”，并将这一原则作为北方农业生产的基本要求之一。他说：“凡耕之本，在于趣时、和土、务粪泽、早锄、早获。”所谓“得时之和”和“趣时”，就是要求适时耕作；所谓“适地之宜”和“和土”，就是要求因土耕作，使土壤处于疏松柔和的状态。氾胜之还具体地总结了这方面的经验。

在适时耕作方面，氾胜之说：“春冻解，地气始通，土一和解。夏至，天气始暑，阴气始盛，土复解。夏至后九十日，昼夜分，天地气和。以此时耕田，一而当五，名曰膏泽，皆得时功。”同时，他还指出了不适时耕作的教训：“春气未通，则土历适不保泽，终岁不宜稼……秋无雨而耕，绝土气，土坚垎，名曰腊田，及盛冬耕，泄阴气，土枯燥，名曰脯田。脯田和腊田，皆伤田。”也就是说，不适时耕作，反而会把田耕坏。

在因土耕作方面，氾胜之认为：“春地气通，可耕坚硬强地黑垆土，辄平摩其块，以生草，草生复耕之，天有小雨复耕和之，勿令有块以待时，所谓强土而弱之也。”又说，“杏始华荣，辄耕轻土弱土，望杏花落，复耕、耕辄藺之，草生，有雨泽，耕重藺之，土甚轻者，以牛羊践之，如此则土强，此谓弱土而强之也。”

我国因时耕作、因土耕作的耕作原则便由此而来。

明清时期，我国的土壤耕作原则又有新的发展，出现了因物耕作。明代马一龙在《农说》中论述耕作的基本原则时说：“合天时、地脉、物性之宜，而无所差失，则事半而功倍矣。”这样，因时制宜、因地制宜、因物制

宜的“三宜”耕作原则便在我国形成了。因物制宜的原则，清代的《马首农言》体现得很清楚，例如谷子“耕一次，耙三次，以多为贵……种毕以砘碾之”，黑豆“原（指高平的地），子三升半，犁深三寸；隰（指低湿的地），子亦如之，深则二寸。深虽耐旱，少不发苗；浅虽发苗，后不耐旱”，春麦“以犁耕种者……宜浅不宜深……耕毕耙二次，耙不厌多”。宿麦（冬麦）“与春麦同，但耕微深耳”，小豆法与黑豆同，但“犁较黑豆宜深”，等等。

“三宜”的耕作原则是我国古代农学的宝贵遗产，至今在我们的土壤耕作中仍在遵循。

北方旱地的耕作技术体系

北方指的是黄河中下游地区，这一地区年降雨量偏少，而且分布不匀，主要特点是春季多风旱，雨量主要集中于夏秋之交。春季是播种长苗的重要季节，雨水的需要量特多，因此，北方地区进行农业生产的最突出问题便是防旱。

这个问题在战国时已为人们认识到并在土壤耕作中采取了相应的措施。当时使用的“深耕疾耰”“深耕耰梗”耕作技术便是我国最初的耕作防旱措施。耰有两方面的意义，作为农具讲，它是一种碎土的木榔头；作为耕作技术讲，它是耕后的一种耱田碎土作业。疾耰是耕后很快将土打碎，熟耰是将土块打得细细的，其目的就是保墒防旱。

这种“深耕疾耰”“深耕耰梗”的耕作技术，到汉代便发展为耕耰结合的耕作法。《氾胜之书》说：“凡麦田，常以五月耕，六月再耕，七月勿耕，谨摩（耱）平以待时种。”耱就是用无齿耙将土块耙碎，地面耙平。说明耕后耱地保墒的技术，在西汉时已经产生。

到了魏晋时期，耕耱结合的耕作法进一步发展，形成了耕、耙、耱抗旱保墒的耕作技术。在嘉峪关的魏晋墓壁画中，已有耕、耙、耱的整个操作图像。到北魏时期，贾思勰在《齐民要术》中又在理论上对它做了系统的说明，至此我国北方旱地耕作技术体系便完全定型了。

（1）耕地的时期应以土壤的墒情为准。《齐民要术》说：“凡耕高下田，不问春秋，必须燥湿得所为佳。”所谓燥湿得所，就是土壤中所含的水分适

中。在水旱不调的情况下，要坚持“宁燥勿湿”的原则，因为“燥耕虽块，一经得雨，地则粉解”，“湿耕坚培，数年不佳”，即形成僵块，破坏耕性，造成跑墒，耕作好几年都会受影响。

（2）耕地深度应以不同时期而定。《齐民要术》说：“初耕欲深，转地欲浅”，因为“耕不深，地不熟，转不浇，动生土也”。这是因为黄河流域秋季作物已经收获，深耕有利于接纳雨水和冬雪，也有利于冻融风化土壤。而春夏之季，正值黄河流域的旱季，这时的气温逐渐增高，水分蒸发量也逐渐增大，深耕动土，就会跑墒，影响播种。

（3）耕后耙耱在抗旱保墒中的作用。《齐民要术》说：“春多风旱，若不寻劳（耱），地必虚燥（跑墒）”，“再劳地熟，旱亦保泽也”，“小小旱不至全损，何者，缘盖耱数多故也”。因此，他指出耕后一定要劳（耱），“春耕寻手劳”，“秋耕待白背劳”，“耕而不劳，不如作暴”，意思是耕后不劳（耱），还不如不耕，让它白地晒着好。

可见到北魏时期，我国北方旱地耕作的技术体系，即通过耕耙耱以达到抗旱保墒的整套土壤耕作技术，已经完全形成。北魏以后，我国北方的耕作技术仍有发展。主要表现在两方面。

（1）特别重视耙的作用，提倡多耙和细耙。金元时期的农书《韩氏直说》说：“古农法，犁一摆（耙）六，今人只和犁深为全功，不知摆细为全功，摆功不到，土粗不实，下种后，虽见苗，立根在粗土，根土不相著，不耐旱，有悬死、虫咬、干死等诸病。摆功到，土细又实，立根在细实土中，又碾过，根土相著，自耐旱，不生诸病。”这表明，早在金元时期，我国人民就已经认识到多耙细耙具有保墒耐旱的作用；保证种子安全出苗，苗后能良好生长的作用；以及减少虫害和病害的作用。这是北方旱地土壤耕作技术进一步发展的标志之一。

（2）浅—深—浅耕作法的应用。这套耕作法形成于清代，清代的《知本提纲》说：“初耕宜浅，破皮掩草，次耕渐深，见泥除根（翻出湿土，犁净根茬），转耕勿动生土，频耖毋留纤草。”郑世铎注解说：“转耕，返耕也。或地耕三次：初次浅，次耕深，三耕返而同于初耕；或地耕五次，初次浅，次耕渐深，三耕更深，四耕返而同于二耕，五耕返而同于初耕。故曰转耕。”《知本提纲·农则耕稼》）这种耕作方式，在北魏时的《齐民要术》中已有记载，不过那时只是因为牛力不足，难以秋耕时的补救措施。直到清代，这种耕作

法才正式成为耕作体系的基本环节之一。它在我国北方抗旱保墒中具有明显的防止雨水流失、蓄水保墒的作用。

南方水田的耕作技术体系

南方是指秦岭、淮河以南的广大地区，这一地区以种植水稻为主。南方主要以育秧移栽的方式进行水稻种植，土壤耕作要求大田平整、田土糊烂，以便插秧，这和北方的旱地耕作有明显的不同，从而在我国又形成了一种水田耕作技术体系。

秦汉时期，我国南方还是一个地广人稀的地区，生产落后，多采用火耕水耨的粗放耕作技术。东汉时，我国的水稻生产开始由直播向移栽发展。唐代“安史之乱”后，北方人口大量南移，并将北方的先进工具传到南方，这样便促进了南方耕作技术的发展，形成了耕—耙—耖相结合的水田作业。

南方水田

由于砺、碌碡在破碎土块、打混泥浆、平整田面方面的作用还不够理想，所以到宋代又加以改进，创造出耖。耖是一种“疏通田泥器”，王祯《农书》说，这种农具“见功又速，耕耙而后用此，泥壤始熟矣”。耖在破碎土块，打混泥浆，平整田面方面都有良好的作用。到南宋时期，用耖操作已经成为水田耕作的重要一环。这在南宋楼的《耕织图诗》中已见记载：“脱绔下田中，盎浆著塍尾，巡行遍畦畛，扶耖均泥滓。”从此便形成了南方水田耕—耙—耖相结合的耕作技术体系。

宋元时期，我国南方稻田存在着两种不同的情况，一种是冬闲田，另一种是冬作田。这两种田的耕作是不一样的。

冬闲田的耕作，大致有三种方法。

一是干耕晒垡。陈旉《农书》说：“山川原隰多寒，经冬深耕，放水干涸，霜雪冻冱，土壤苏碎。当始春，又遍布朽薙腐草败叶，以烧治之，则土暖而苗易发作，寒泉虽冽，不能害也。”干耕晒垡的耕作方法主要用于土性阴冷的地区或山区，借以利用晒垡和熏土来提高土温。

二是干耕冻垡。陈旉《农书》说：“平陂易野，平耕而深浸，即草不生，而水亦积肥矣。”干耕冻垡的耕作方法主要用于平川地区，通过深耕泡水，沤烂残根败叶，以消灭杂草和培肥田土。

三是冻垡和晒垡相结合。王祯《农书》说：“下田熟晚，十月收刈既毕，即乘天晴无水而耕之，节其水之浅深，常令块拨半出水面，日暴雪冻，土乃酥碎，仲春土膏脉起，即再耕治。”冻垡和晒垡相结合的耕作方法是通过既晒又冻、上晒下冻的办法来促进土壤的进一步熟化。

冬作田的耕作，由于南方稻田土壤黏重、地下水位高，一般都采用开沟作疄的方法。据元代王祯《农书》记载，其法是：“高田早熟，八月燥耕而爕之，以种二麦。其法起垡为疄，两疄之间，自成一畎，一段耕毕，以锄横截其，泄利其水，谓之腰沟。二麦既收，然后平沟畎，蓄水深耕，俗谓之再熟田也。”

至今，在南方的土壤耕作中还广泛使用着宋元时代创造的稻田耕作技术，它也是当地农业丰收的一个技术关键。

知识链接

鱼米之乡

“鱼米之乡”是指长江中下游平原，因为我国东部受夏季风影响，降水丰富，所以气候湿润，物产丰富，被称为“鱼米之乡”。

中国长江三峡以东的中下游沿岸多为带状平原。北接淮阳山，南接江南丘陵。地势不低平，地面高度大部分在50米以下。中游平原包括湖北江汉平原、湖南洞庭湖平原（合称“两湖平原”）和江西鄱阳湖平原。下游平原包括安徽长江沿岸平原和巢湖平原以及江苏、浙江、上海间的长江三角洲，其中长江三角洲地面高度已在10米以下。平原上河汊纵横交错，湖荡星罗棋布。著名的洞庭湖、鄱阳湖、太湖、高邮湖、巢湖、洪泽湖等大淡水湖都分布在这一狭长地带，向有“水乡泽国”之称，盛产鱼、虾、蟹、菱、莲、苇。气候温和，无霜期240～280天，江南可种植双季稻，粮、棉、水产在全国占重要地位，素称“鱼米之乡”。长江中下游平原经济发达，有上海、南京、南昌、武汉等大城市和苏州、无锡、常州、盐城、淮安、镇江、扬州、泰州、南通、上饶、芜湖、长沙、岳阳等中等城市。

北界淮阳丘陵和黄淮平原，南界江南丘陵及浙闽丘陵。由原长江及其支流冲积而成。面积有20多万平方千米。地势低平，海拔大多50米左右。

中国古代的复种技术

我国古代的复种技术包括间作、套作、混作、连作等技术措施。复种技术是提高复种指数的主要手段。早在公元前1世纪的西汉《氾胜之书》中已有瓜、薤、小豆间作和桑、黍混作的记载，说明我国利用复种措施来提高土地利用率的历史是很悠久的。但是大量地使用复种技术，来提高粮食的产量，则是在明清时期。

1. 间作

间作是指两种或两种以上种期或生长期相近的作物，在同一块地内隔株、隔行、隔畦种植的一种方式。黄可润在《菜谷同畛》中说的粮菜种植方法就是一种间作方式："无极农民，种五谷、棉花之畦，多种菜及豆以附于畦，盖谷与菜同畛，不惟不相妨，反而有益，浇菜则禾根润，锄菜则谷地松，至谷熟而菜可继发矣。"

2. 套作

套作是指在同一块地内，在前茬作物成熟之前，于其行间或带间种植后季作物的种植方式。它和间作的区别是：间作是两种作物基本上是同时种，以共生为主，而套作则是先后种，而且两种作物在一起生长的时间比较短。套作的方式多种多样，盛行于明清时期。

3. 稻稻套作

稻稻套作也就是前文所说的间作稻。如《江南催耕课稻编》记载：福建将晚稻"植于早稻之隙，若寄生焉，而不相害；及早稻刈，则晚稻随而长，田不必再耕，且早稻之根，即以粪其田，而土愈肥，可谓极人事之巧矣"。

4. 稻豆套作

清《三农纪》说，四川什邡是"泥豆，早稻半黄时漫种田中，经一宿，放水干，苗二三寸，刈稻留豆苗，去水耘锄，八九月熟"。

复种套作

5. 麦棉套作

明《农政全书》说："穴种麦，来春就于麦垄中穴种棉。"《齐民要术》说："小麦地种棉花者，不及耕，就麦塍二丛为一窝，种棉子，计麦熟而棉长数寸矣。"

6. 麦豆套作

《农政全书》说："麦沟口种之蚕豆"，《补农书》说："俗亦有下豆（蚕豆）于麦棱者"，这主要是指麦与蚕豆的套作。此外，还有麦与大豆套作的。光绪浙江《常山县志》说："二月初旬即于麦垄中种豆，四月刈麦，六月刈菽。"《救荒简易书》说："麦垄背间夹种大豆，二月种者五月熟，此钟祥县秘诀也。"

7. 粮肥套种

粮肥套种有旱粮与绿豆等套作，《群芳谱》说："肥地法，种绿豆为上，小豆、芝麻次之，皆以禾黍未一遍耘时种。"有稻苕套作，《三农记》说：苕子"蜀农植以粪田"，方法是"稻初黄时漫撒田中，至明年四五月收获"。有稻与紫云英套作，《浦泖农咨》：江苏松江地区"于稻将成熟之时寒露前，田水未放，将草子撒于稻肋内，到斫稻时，草子已长，冬生春长，三月而花，蔓延满田"。

8. 薯芋套种

薯芋套种这种方式流行于广东新宁县，据《调查广州府新宁县实业情形报告》说："芋畦，四月间下小薯作种，俟分种后，余苗蔓延畦间，籍芋之余粪以生长，下二月及来春锄畦，收采多者亦与雪薯同，是以农勤者，终岁不缺薯食也。"

9. 混作

混作是指两种不同的作物按一定比例混合，同时播种在一块土地上。历史上的混作的方式有三种。

（1）混作稻。在历史上流行于广东和广西，在广东称为"芮稻"，在广西称为"搅番稻、混交谷、参杂稻"。据《江南催耕课稻编》记载，广西恩施的做法是："与番谷搅匀下秧，其种止掺番谷十之一。及数分种后，其苗抽在番禾中，一本只一二芽。番禾熟则并刈之。刈后乃抽芽大发。至十月乃熟

者，土人谓之搅番稻。”

（2）豌豆麦。《齐民要术》说：豌豆“南人多杂大麦中种之”。

（3）粮草混种。《救荒简易书》说：“直隶老农曰，苜蓿菜七月种，必须和秋荞麦而种之，使秋荞麦为苜蓿遮阴，以免烈日晒杀。”也有同黍混播的，“五月种苜蓿也须和黍混播”。

10. 连作

连作是指在同一块地内连续种植同一作物的种植方法。流行于南方的连作稻，就是最典型的连作种植。

我国古代除了利用间作、套作、混作、连作的措施来提高土地利用率外，也还有综合运用间套复种的方法来提高复种指数的。清代《修齐直指》记载的一岁数收之法和两年收十三料之法，便是这种综合利用间套复种技术的具体反映。

关于一岁数收之法，书中说：“冬月预将白地一亩，上油渣二百斤，再上粪五车，治熟，春二月种大兰，苗长四五寸，套栽小兰于其空中，挑去大兰，再上油渣一百五六十斤。俟小兰苗高尺余，空中遂布粟谷一料，及刈去小兰，谷苗能四五寸高……秋收之后，犁治极熟，不用上粪，又种小麦一料，次年麦收，复栽小兰，小兰收，复种粟谷，粟谷收，仍复犁治，留待春月种大兰，是一岁三收，地力并不衰乏，而获利甚多也。”

关于两年收十三料之法，书中说：“一亩地纵横九耕，每一耕上粪一车，九耕当用粪九车，间上油渣三千斤，俟立秋后种笨蒜，每相去三寸一苗，俟苗出之后，不时频锄，旱即灌溉，灌后即锄，俟天社前后，沟中种生芽菠菜一料，年终即可挑卖。及起春时，种熟白萝卜一料，四月间即可卖。再用皮渣煮熟，连水与人粪和过，每蒜一苗，可用粪一铁勺。四月间可抽蒜苔二三千斤不等，及蒜苗抽后，五月即出蒜一料。起蒜毕，即栽小兰一料，小兰长至尺余，空中可布谷一料，俟谷收之后，九月可种小麦一料，次年收麦后，即种大蒜。如此周而复始，二年可收十三料，乃人多地少，救贫济急之要法也。”这个例子虽然有一定的特殊性，但依旧可以从中看出我国古代人民是如何高度利用时间和空间来发展农业生产的。

中国古代的生态农业

中国古代的人工生态农业早在明朝时期就已出现。明朝时期，在一些人多地少的地区，为了充分利用土地资源，便开始在有限的耕地上从事农、林、牧、副、渔的综合经营，以提高其经济效益，从而形成了一种人工的、比较合理的生态农业。我国的人工生态农业，最早出现于明代嘉靖年间的江苏常熟地区。据《常昭合志稿·轶闻》记载，当时常熟地区有谭晓、谭照兄弟俩，颇有心计，善于经营，见当地湖田多洼芜，乡民皆弃耕逃散，便雇用了乡民百余人来开垦湖田，将最低之地凿而为池，稍高之地围而为田，年收入比一般田地高3倍。池中养鱼，池上设架养猪养鸡，粪田以喂鱼，围堤上间种梅、桃等果树，低洼地中种菰、茈、菱、芡，其收入又比田地所入高3倍。于是，谭氏兄弟就开始渐渐富裕起来。其致富原因，就是从事了“粮—畜—渔—果—菜”的综合经营，这说明人工生态农业在明代嘉靖时已在太湖地区产生，而且取得了很高的经济效益。到明末清初，这种生态农业又发展到浙江的嘉兴、湖州一带，形成一种“粮—畜—桑—蚕—渔”的经营方式。据《补农书》记载，其措施是以农养畜，以畜促农；以桑养蚕，以蚕矢养鱼，以鱼粪肥桑。从而使嘉湖地区的农业生产取得了土壮田肥、粮丰桑茂的可喜成果。据记载，明末清初时期，嘉湖地区的粮食产量达到了常年为亩产米二石、麦一石，丰年为米三石和麦一石的水平，创造了我国农业生产大面积高产的新纪录。这种人工生态农业，同时也出现在珠江三角洲，它的主要特点是将养鱼、种桑、养蚕相结合。光绪《高明县志》说：“将洼地挖深，泥复四周为基，中凹下为塘，基六塘四。基种桑，塘蓄鱼，桑叶饲蚕，蚕矢饲鱼，两利俱全，十倍禾稼。”这种具有明显的生态和经济优势的农业经营便是至今仍在广东地区流行的“桑基鱼塘”人工生态系统。此外，还有一种将种果树和养鱼相结合的“果基鱼塘”人工生态系统。《广东新语》说：“诸大县村落中往往弃肥田以为基，以树果木”，讲的就是这种人工生态。

不过这种经营方式，在明清时期使用的地区并不多，也难于大规模推广。这是因为经营规模大，所需资本多，个体农民没有这么多财力和物力，只能由地大财多的经营地主来实现，所以这种生态农业在历史上并不占很大的比

重。但它在合理利用资源，提高经济效益方面，却具有重要的意义。

仓贮技术

仓贮是一种地面藏粮的方法。山西襄汾陶寺尤山文化遗址的大型墓葬中，曾出土过木质的仓形器，这说明，在原始社会晚期很可能就已经出现了仓贮。古代仓贮的方法主要有三种：一是仓，即屋内藏粟；二是廪，即敞屋藏穗；三是庾，即露地堆谷。这三种贮藏方法，到西周时都已具备。《诗经·周颂·丰年》说："丰年多黍多稌，亦有高廪、万亿及秭。"《诗经·小雅·甫田》说："曾孙之稼，如茨如梁，曾孙之庾，如坻如京，乃求千斯仓，乃求万斯箱。"生动地反映了西周时期农业生产发达的盛况，同时也反映了仓、廪、庾等粮食贮藏方法在农业生产上的应用。

青铜谷仓

粮仓的建筑技术在元代就已经相当完善了。当时的粮仓已上有气楼通风透气，前有檐楹阻挡风雨，内外裸露的木材，全用灰泥涂饰以防火防蠹。

为了提高贮藏效果，还要特别重视防虫问题。早在汉代我国已创造了暴晒进仓的技术。《论衡·商虫》说："藏宿麦之种，烈日干暴，投于燥器，则虫不生，如不干暴，闸喋之虫，生如云烟。"北魏时，又创造了劁麦法，《齐民要术》记载说，其法是"倒刈、薄布，顺风放火，火既著，即以扫帚扑灭，仍打之"，"如此者，经夏虫不生"。因经火烧后，麦粒上的虫卵、虫蛹等寄生物都被杀死，故能防止虫害。

中国最大的古代粮仓——洛阳含嘉仓

知识链接

古代窖藏技术

窖藏是最古老的一种贮藏方法，它是利用土壤的保温作用来贮藏粮食、果蔬。在河北武安磁山原始社会遗址中，已有大量贮藏粮食的地窖被发现，这表明早在7000多年以前我国已使用窖藏，而且已有了相当发达的农业。地窖就其形式来说，有方形和圆形之别，方形的古称为窖，圆形的古称为窦。元代王祯《农书》说，窖藏优点很多，“既无风、雨、雀、鼠之耗，又无水、火、盗贼之虑”。所以窖藏一直成为我国北方地区贮藏粮食的重要方法。20世纪70年代在河南洛阳发现隋唐时期的含嘉仓，便是我国古代大型的地下粮仓。

历史经验认为，地窖一般适用于贮旱粮，而不宜藏稻谷。《齐民要术》说：“藏稻，必须用箄，此既水谷，窖埋得地气则烂败也。”

用地窖来贮藏水果和蔬菜，是我国古代果蔬保鲜的重要方法。和粮食窖藏相比，用地窖来贮藏水果和蔬菜的历史则较短，最早见于北魏《齐民要术》的记载，当时称为“荫坑”。贮藏的水果和蔬菜，主要有生菜、梨、葡萄等多种，贮藏的方法亦因不同种类而异。生菜的贮藏方法是：“九月、十月中，于墙南日阳中掘作坑，深四五尺，取杂菜、种别布之，一行菜、一行土，去坎一尺许，便止，以穰厚覆之，得经冬，须即取。”梨的贮藏方法是：“初霜后即收，霜多即不得经夏也。于屋下掘作深荫坑，底无令润湿，收梨置中，不须覆盖……摘时必令好接，勿令损伤。”葡萄是浆果，不能叠压，因此采用了一种特殊的窖藏法：“极熟时，全房折取，于屋下作荫坑，坑内近地凿壁为孔，插枝于孔中，还筑孔使坚，屋子置土覆之。”使用这种贮藏方法，效果相当显著。据记载，生菜经冬“粲然与夏菜不殊”，梨可“经夏”，葡萄可“经冬不异”。清代时期，出现了大窖套小窖的双层窖，窖藏技术又有了进一步的发展。《豳风广义》记载说：“于屋下掘作深荫坑，内作小窖，铺软草置苹果、槟子于其上，不须覆盖，至过年二三月亦能不坏。”由于双层窖比普通的单窖具有更高的保温、保气能力，所以贮藏效果更好。

第五节
中国古代的育种选种技术

在长期的农业生产实践中，我国人民对各种农业生物——农作物、林果、畜禽、蚕、鱼等的特性的认识越来越深入，他们把提高农业生物自身的生产能力作为增产的重要途径，并在这方面积累了丰富的经验，创造了精湛的技术。良种选育就是其中的重要措施之一。

良种选育主要包括了以下两方面的内容：一是选择作物、林果、畜禽等的优良个体进行再繁殖；二是培育新品种。事实上，良种选育的这两个方面是不可分割的，因为正是在选择优良种子、种畜繁殖的过程中逐步培育出新品种的。

去劣培优结硕果

我国古代很早就开始了选育良种的探索与实践。事实上，作物的驯化就是人工选择的过程，是按照人类需要逐步加强其有利性状、克服其不利性状的过程。生物的变异层出不穷，人类的需要多种多样，不同品种由此形成。《诗经·大雅·生民》追述周族先祖后稷时已出现“嘉种”，即良种——秬：黑黍。秠是一壳两米的黑黍，穈是赤茎黍，芑是白茎黍。播种先后和收获早晚是周代人民划分作物品种类型的依据：先种后熟的叫“穜”，后种先熟的叫“稑”。据说当时有叫“司稼”的职官，负责调查各地品种资源，并指导老百姓因地制宜地采用不同品种。战国人白圭说：“欲长钱，取下谷；长石斗，取上种。”意思是：想赚钱，要收购便宜的粮食；想增产，要采用好种子，表明人们已认识到采用良种是最经济的增产方法。

田间穗选很可能是最早带有育种意义的选种方法。在我国一些原始农业民族中已经可以看到穗选的实践。在现存的古代文献中，《氾胜之书》最早记载了从田间选取强健硕大的禾麦穗子作种的穗选法，后来的混合选种法和单株选种法都是在这个基础上发展起来的。

贾思勰塑像

贾思勰在《齐民要术》中强调种子要纯净，指出混杂的种子有成熟期不一，出米率下降等弊病。因此，要把选种、繁种和防杂保纯结合起来。他介绍的方法是：禾谷类作物要年年选种，选取纯色的好穗，悬挂起来，明年开春后单独种植，加强管理，提前打场，单收单藏，作为第二年的大田种子。这就是混合选种法。在西方，德国育种家仁博1867年首先用这种方法改良黑麦和小麦，比《齐民要术》晚了1300年。明清时代混合选种法又有发展，除加强栽培管理外，又在穗选基础上增加粒选，所谓“种取佳穗，穗取佳粒”。

单株选种法是选取一个具有优良性状的单株或单穗，连续加以繁殖，从而培育出新品种来。这种实践应该早就存在，但文献记载却较晚。清康熙皇帝在《几暇格物编》中说道，乌喇（今吉林境内）有棵树的树洞中忽然生出一棵白粟，当地人用它繁殖，“生生不已，遂盈亩顷，味既甘美，性复柔和”。他由此悟出一个道理：过去没有而后来出现的良种，大概都是这样培育出来的。康熙帝运用这个方法在丰泽园选育出著名的早熟“御稻”，曾作为双季稻的早稻种在江浙推广。清末的包世臣称这种育法为“一穗传”。

我国古代还有一些特殊的选种法。如《齐民要术》介绍甜瓜的选种法：年年先收取“本母子瓜”，截去瓜的两头，只留中间瓜子作种。甜瓜有主蔓不结瓜、子孙蔓才结瓜的特性。本母子瓜是长在近根部的最早分枝的子蔓上展开最初几片真叶开放时结的瓜，其种子具有早熟性。之所以要去掉本母子瓜的两头，是因为位于两头部位的种子会产生细曲短歪的畸形瓜。根

据现代生物学的生物全息律，生物机体的一些特定部位对特定性状有较强的遗传势，以本母子瓜的中央子作种，与现代全息定域选种法的原理相通。

我国古代农业在长期的发展中，培育和积累了大量的作物品种资源。早在战国时期的著作《管子·地员》篇中，就有关于各类作物品种及其适宜土壤的记载。晋代《广志》和北魏《齐民要术》对作物品种的记述，无论数量和性状都有很大的发展。仅《齐民要术》所载粟、粱、秫的品种就有106个。唐宋以后，作物品种更为丰富，又以水稻品种为多。明代黄省曾写的《理生玉镜稻品》，是我国第一部记录水稻品种的专著，共记述35个作物品种。清代李彦章的《江南课耕催稻篇》，收集了各地早熟稻和再熟稻的大量资料。官修大型农书《授时通考》中，收录部分省、州、县的水稻品种高达3429个。丰富的、各具特色的作物品种资源，不但满足了人类生产和生活上的各种需要，而且是育种工作的基础，对农业的今天和明天，具有不可估量的意义。

知识链接

贾思勰的农业实践

贾思勰生活在距今1400多年的晋朝，他写就了我国历史上第一本有关农业科学的著作——《齐民要术》。《齐民要术》不仅是我国最早的，而且是世界上最早、最完整、最全面的一部农业科学巨著。它使我国的农业科学第一次形成了系统的理论体系，对我国及世界农业的发展做出了重要的贡献。

贾思勰一直很重视农业，他以为人以食为天，农业为万事之本，一个国家要想强盛首先需要农业兴旺，国家也只有兵精粮足了，才不怕外域的侵扰。贾思勰曾作过太守，做太守的日子里他更加重视农业，他常常亲自下地耕种，也常向技术高明的农民请教，同时把好的种田方法传授给农民。有一年，贾思勰养了好几百只羊，冬天到了，由于没有储存好足够的粮食，

羊都饿死了，贾思勰非常伤心。第二年他又养了大批羊，同时种了许多大豆，秋天，大豆丰收了，贾思勰早早地把大豆收割起来，把羊圈堆得满满的，可是这一年羊又死了很多，还是饿死的。贾思勰到羊圈里仔细查看，发现羊根本不爱吃堆在羊圈里的饲料。这是为什么呢？长在田地里的大豆和青草，羊儿都很爱吃，怎么堆到羊圈里的饲料羊儿宁愿饿死也不肯吃了呢？贾思勰百思不得其解。听说当地有一个养羊能手，贾思勰就亲自去拜访了他。原来羊儿爱吃新鲜干净的饲料，把大批饲料堆在羊圈里，羊踩来踩去，在上面又拉屎又撒尿，饲料很快就变脏、变烂了，羊儿就再也不愿吃了。了解了这些，贾思勰就想了个办法，把青草大豆堆在羊圈中间，用栅栏圈起来，这样既不会弄脏饲料，羊儿又可以随时吃。果然，第三年贾思勰养的羊长得又肥又壮。贾思勰掌握了养羊的方法，又传授给了其他人，后来为了让更多人掌握养羊的方法，他把这些经验都写进了《齐民要术》里。

贾思勰总是这么勤于实践，不耻下问，乐于传授。他为了写好《齐民要术》，常常亲自到农田里观察，夏天田里虫子多，高大的庄稼叶子也划得身上满是一道一道的血痕。有时候别人劝他别下地了，找几个农民问问或者看古书上介绍的就是了。贾思勰生气地说：搞农业，不下地，怎么算是搞农业呢？

贾思勰在观察农田时，发现瓜苗出土率极低，他仔细分析，得出因为瓜苗幼苗很脆弱，顶土力弱，所以出苗很困难。他自己开了一片试验田，在里边同时撒上豆种和瓜种，大豆苗壮，顶土力强，而瓜苗有豆苗起土，出土自然也容易了。贾思勰解决了一个长期困扰农民的问题。

贾思勰特别重视技术的改进及优良品种的开发。他认为庄稼收成的好坏与农业技术的先进与否、品种的好坏有着直接的联系。他花费大量的时间研究了当时品种培育的经验，制定出一套科学的农作物品种分类标准，总结出一套切实可行的选种、育种的制度与方法。仅水稻一项，

他就培育出80多个品种，他推出许多先进的生产技术，某些由于过于超前，长期不被有关专家接受，例如他指出矮杆与多产的关系，直到20世纪50年代，一批矮杆高产品种育成后，才被证明。由此可见，贾思勰的《齐民要术》堪称世界农业科学史上的一颗明珠，它为中国及世界农业的发展做出了贡献。

善藏种子巧处理

播种前，要对好种子进行恰当处理，才能保持和增强其生命力，故有了好种子还得有好的保藏方法。传说古代有“后宫藏种”的制度，其起源大概是原始人认为能生育的妇女对种子的萌发生长能产生某种神秘的作用。这虽然是缺乏科学根据的，但也表明古人早就重视良种的保藏。《诗经·大雅·生民》中也透露了古人很早就进行播前选种或浸种的信息。不过，关于种子保藏和处理的科学总结与系统记载是从《氾胜之书》及《齐民要术》开始的。

古人认识到，因种子含水量太多或环境湿度大而引起种子发热变质，是种子保藏中的大忌。这种情形就是所谓“浥郁”，浥郁的种子不能发芽，发了芽也会很快死亡。解决办法一是藏种的环境要干燥，二是收藏前晒种，去掉种子中过多的水分。尤其是麦种，容易生虫，必须暴晒得极为干燥，并伴放着艾草等药物密封储藏。

水选是进行播种前处理的第一个环节，用以去掉浮在水面的秕粒杂物，以后的泥水选种和盐水选种都是在这一基础上发展起来的。第二个环节是水选后的晒种，《齐民要术》反复强调它。现代科学证明，晒种可增加种皮透气性，降低种子的含水量，提高细胞液浓度，从而增强播种后种子的吸水能力，使之发芽整齐，是一项经济有效的增产措施。第三个环节是浸种催芽。催芽有利于种子早出苗和出全苗，尤以水稻浸种催芽最为要紧。但也要视不同作物和具体情况而异，如水稻催芽“长二分”，早稻只要谷种“开口”露白；麻子雨泽多时催芽，雨泽少时仅浸种不等芽出，等等。

我国还有一种特殊的种子处理方法，被称作“溲种法”或“粪种法”，在《氾胜之书》中有记载。用粉碎的马骨煮汤浸泡附子（一种中药，有毒）数日，去掉附子加蚕屎、羊屎等调成稠粥状，播前20天用以浸拌种子，反复浸拌6～7次，然后晒干保藏，准备下种。据说种子经过这种处理，能防虫抗旱增产。这是由上古时代粪种法发展而来的拌种法，相当于现代的包衣种子，它出现在2000多年以前，实在是很不简单的一件事。在溲种中，马骨汁还可以用雪水替代，雪水被认为是“五谷之精”。近代科学证明，雪水与普通雨水成分不同，雪水因含重水少，能促进动植物的新陈代谢。古人虽然不懂这个道理，但在实践中认识到雪水和一般水的不同以及雪水有利于作物生长，已经是难能可贵的了。《氾胜之书》还谈到，种麦遇天旱可在半夜用醋和蚕屎，薄薄地浸拌麦种，清早播种，可使麦种耐旱耐寒。

《齐民要术》介绍了桃和梨的“含肉”埋种法。即在秋天果实成熟时，将桃或梨连肉带核一起埋在加粪的土中，第二年春出苗后，再行移植。这是利用冬季自然低温影响种子，使之增强抗寒力和早苗、早熟，又免去分离、消毒、干燥、保藏的烦琐程序。类似的还有瓜子冬种法。对具有坚硬外壳而不易出芽的种子，也要进行特殊处理，如莲子要磨薄上端硬壳，以利吸水出芽，并和以黏土捏成上尖下平的圆锥形泥坨子，投种时即可下水沉泥，端正不偏。

知识链接

古代涂蜡技术

涂蜡是用涂料以防果品水分蒸发、保持果品鲜度的一种方法。涂蜡技术主要用于保藏鲜果，现称涂蜡保鲜，我国早在隋文帝时期就已经开始使

用这种保鲜方法。《五代新说》载："隋文帝嗜柑，蜀中摘黄柑，皆以蜡封蒂献，日久犹鲜。"《通志》也有这方面的记载："旧时采贡（荔枝），以蜡封其枝，或以蜜渍之。"明代用以藏葡萄，《癯仙神隐书》说："葡萄以蜡裹顿罐中，再溶蜡封之，至冬不坏。"涂料的应用，国外始于1923年，用凡士林油涂纸包苹果，1935年始有薄橡胶膜利用的研究，商业上大量使用涂料则是近几十年的事，可见我国是利用涂蜡保鲜最早的国家之一。

古代密封技术

密封技术主要是用于贮藏鲜果，其原理是利用果品自身的呼吸，消耗空气中的氧气，释放二氧化碳，以改变贮器中的气体成分，进而抑制果品的呼吸，减少养分消耗，达到保藏的目的。宋代已有这种方法，当时主要用于樱桃保鲜："地上活毛竹空一孔，拣有蒂樱桃装满，仍将口封固，夏开出不坏。"明代则利用毛竹藏荔枝。《荔枝谱》记载："乡人常选红鲜者，于林中择巨竹，凿开一窍，置荔枝节中，仍以竹箨裹泥封固其隙，借竹生气滋润，可藏到冬春，色香不变。"除此之外，还有用缸、瓮、罐、盆、碗作贮器，密封贮藏。国外利用密封进行气调贮藏，始于20世纪初期，1920—1931年英国科学家开特和威斯脱在理论上进一步得出降低氧的浓度，可以减缓水果新陈代谢的结论，从而促进了气调在商业上的应用，这些都是近代科学的研究成果。但从人类使用气调贮藏技术的历史来说，首先发现气调可以延长水果保藏时间，并使用气调来保藏水果的国家则是中国。因此，可以说气调贮藏是我国古代在贮藏技术上作出的又一重大贡献。

人力回天的无性繁育技术

人工无性繁育技术在我国古代农业中，尤其是在园艺、花卉、桑树、林木生产中，获得了广泛的应用。人工无性繁育技术不仅是促进作物提前开花

结果的有效措施，还是培育良种的重要手段。人工无性繁殖技术主要有扦插和嫁接两种方法。

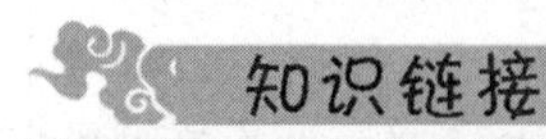

古代沙藏技术

沙藏是一种利用沙粒保温、调气的贮藏方法。古代人民主要用沙藏技术来贮藏板栗和茶子。《齐民要术》中的藏板栗法，便是一种沙藏法。其法是："著器中，晒细沙可燥，以盆覆之"，效果很好，"至后年二月，皆生芽而不生虫"。但当时主要是将栗作为种子贮藏的。至明代，由于改进了沙藏的方法，板栗已可作果实来贮藏，其法见明代《癯仙神隐书》的记载："霜后，将栗子不拘多少，投水盆中，浮者不用，沉者漉出控干，晒少些，先将沙炒干，待冷，用新坛收贮，一层栗子一层沙，装九分满。"

扦插起源很早，《诗经》中有"折柳樊篱"的诗句，即指把柳枝折断栽插在菜圃周围作藩篱。东汉崔寔的《四民月令》说："正月可以掩树枝"，即把树枝埋入土中，让它生根，明年用以栽植。这是用高枝压条取得扦插材料的方法。《齐民要术》把果木的繁育归纳为种、栽、插三种，相当于现在所说的实生苗繁殖、扦插和嫁接。果树结实晚的一般用"栽"。如李树质性坚强，播种5年才能结实，扦插的3年就可以结实。这是因为扦插材料在母株已经过胚胎和幼年阶段，这种"发育年龄"在发展为新个体以后是继续有效的。如取李树已有2年发育年龄的枝条作栽，栽后3年即可结实。同样的原理，用接穗嫁接也能提早结实。扦插材料的取得，除切取插条外，还有压条和分根法。如柰和林檎，既可像桑树那样压条取栽，也可以在树旁数尺掘坑，使根的末端露出来，使之萌生出可用的枝条。这种方法适用于那些难以取栽的树。插条也有个选择的问题。如枣树要"选好味者"，从其根蘖截取插条移栽。柳树则要选择春天长出的新枝条作扦插材料，因为这些枝条"叶青气

扦插

壮”，生长迅速。在果树栽培中，采用扦插繁育相当广泛。如葡萄在汉代还是用实生苗繁殖，唐代开始改用扦插。番薯引进我国，也是采取育苗扦插繁殖的。

嫁接是在扦插技术基础上出现的人工无性杂交法，战国时期以前就有这种技术出现。春秋战国时流行“橘逾淮而北为枳”的说法。枳和橘类缘相近而较耐寒，从上述谣谚看，南方的橘农很早就已掌握用枳作砧木、用橘作接穗的嫁接技术，当人们把这样培育出来的橘树从南方移植到北方时，接穗（橘）因气候寒冷而枯萎，而砧木（枳）却能继续存活，北方人并不知道其中的原因，所以才产生了橘化为枳的误会。东汉许慎著的《说文解字》中收有“椄”字，是专门用以表示树木嫁接的。可见树木嫁接已经非常普遍，才会产生专用的字。《氾胜之书》介绍了葫芦靠嫁接（十棵葫芦茎

捆在一起，包上泥）结大瓜的经验。《齐民要术》称嫁接为“插”，并详细讨论了梨的嫁接技术，指出嫁接梨的砧木，以棠最好，杜次之，桑最差。用枣或石榴作砧木，10 株只能存活 1～2 株，但品质好。这就揭示了砧木与接穗亲缘远近对嫁接成活率与亲和力的影响。接穗则应选择优良梨种向阳处的枝条。用近根的小枝条作接穗，树形好看但要 5 年才能结实；用像斑鸠脚的老枝条作接穗，树形难看，但 3 年即可结实。《齐民要术》中对嫁接的具体方法也有细致的说明，这可以说是世界上最早的对嫁接方法较为完整的科学记载。

此后，嫁接技术有了进一步的发展。唐韩鄂的《四时纂要》记述了种间嫁接须亲缘相近才易成活的原则。元代王祯《农书》对桑果嫁接技术做了总结。强调“凡接枝条，必择其美”，要选取生长了几年的向阳面枝条；要“根株各从其类”，即要求砧木与接穗亲缘相近。具体操作要细致，嫁接的方法计有身接、根接、皮接、枝接、靨接、搭接 6 种。又指出嫁接的好处是：“一经接博，二气交通，以恶为美，以彼易此，其利有不可胜言者。”嫁接技术被用于花卉盆景的培养，给人们展示了一个奇妙的艺术世界。清陈淏子在《花镜》中说：运用嫁接的方法，“花小者可大，瓣单者可重，色红者可紫，实小者可巨，酸苦者可甜，臭恶者可馥，是人力可以回天，唯接换之得其传耳”。

我国古代人民做了丰富的人工无性繁殖的实践，这在当时可称得上是世界之最。人工无性繁殖比有性繁殖结果快，能保持栽培品种原有特性，又能促进新的变异产生，培育出大量新品种。我国所培育的重瓣花（桃、梅、蔷薇、木香、荼藤、牡丹、芍药、木芙蓉、山茶等）和无子果实（柿、柑橘、香蕉等）种类繁多，品质优异，引种到世界各处，成为世界的珍品。

杂交技术

我国人民在驯养动物时一向重视去劣存优的人工选择。《齐民要术》中总结了选择种畜的经验。如母猪要选择嘴短没有软底毛的，因为嘴长的牙多，难育肥，有软底毛的难洗干净。

在选留种畜时，我国古代劳动人民很重视牲畜外形的鉴别，相畜学也就应运而生了。相畜学是根据家畜家禽外形特征鉴别其优劣的学问。相畜术萌

芽不晚于商周，春秋战国时已出现了一批著名的相畜家，如相马的伯乐、九方堙，相牛的宁戚等。汉代也有以相马、相牛立名的。《汉书·艺文志》收录了相六畜的著作。东汉名将马援用雒越铜鼓铸成的铜马式，则是我国第一个良种马鉴别标准模型。西方是在此1800年以后，才出现类似的铜制良马模型。《齐民要术》汇集了北魏以前的资料，吸收了牧区的经验，对各类牲畜的相法做了比较全面的总结。在这以后，相畜学继续发展，我国人民在这方面积累的丰富经验，许多至今仍然是适用的。

人们最常用的干预动物遗传变异的方法便是种内杂交。西汉政府为了提高军用骑乘马的素质，从西域引入乌孙马、大宛马等良种马。唐代广泛从北部少数民族地区引入各种良种马，每种马都有一定印记，并建立严格的马籍制度。当时的陇右牧场成为牲畜杂交育种的基地，史称唐马“既杂胡种，马乃益壮”。位于今陕西省大荔县的沙苑监是当时官营牧场之一，由于这里牧养了各地的羊种，又有丰美的牧草和优质矿泉水，故能培育出皮、毛与肉质俱优的同羊，这种羊至今仍是我国优良的羊种。

除种内杂交外，我国少数民族还有在动物种间杂交育种成功的实践。如蒙古草原匈奴等游牧民族的先民用马和驴杂交育成了骡，骡是具有耐粗饲、耐劳役、挽力大、抗病力强等优点的重要役畜。《齐民要术》总结了这方面的经验，指出马父驴母所产骡子个头比马大，应选七八岁骨盆大的母驴交配，才能产好骡，并指出了杂交后代——母骡不育的规律。藏族人民用黄牛和牦牛杂交，育成肉、乳、役力均优于双亲的杂交后代——犏牛，时间在6世纪以前。明代《天工开物》记载了家蚕不同品种间的杂交试验：如把白茧雄蛾和黄茧雌蛾相配，所生的蚕结出褐茧。又指出当时的贫寒百姓家有人用一化性雄蛾（早雄）与二化性雌蛾（晚雌）杂交，培育出新的良种。这种杂交优势的发现和利用，是我国古代蚕业科学的一大成就。

除此之外，我国人民在对金鱼的杂交育种方面也有着非常成功的实践。金鱼是在人工饲养条件下由金鲫鱼演化而来的，南宋时始见于记载，明弘治年间开始外传，现在已成为遍及全球的观赏鱼。数百年来，我国人民采用去劣留良、隔离饲养的方法，选择相似变异的雌雄个体做交配，使符合人类需要的变异积累起来，育成许多新品种。达尔文曾系统地描述了中国对金鱼人工选择的过程和原理，并指出中国人也将这些原理运用在各种植物和果树方面。

知识链接

中国古代一些重要的农业科技成就

项目	时代	成就
稻	新时器	中国最早栽培，2000～3000年前传入朝鲜、越南和日本诸国
蚕	新时器	中国最早饲养，2000年前传入朝鲜、越南和日本，后传希腊、欧洲诸国
柑橘、杏、李、枇杷、荔枝	商周	中国最早栽培。橘于唐代传入日本。其他由日本或印度传入
茶	商周	中国最早栽培，唐代传入日本，后传入各国
温室栽培	秦汉	比欧洲早1000多年
水稻育秧移栽	秦汉	中国最早发明
穗选法	秦汉	中国最早发明
绿肥轮作	魏晋	比国外早1200年，欧洲18世纪才推广
水力石碾	魏晋	中国最早发明
嫁接技术	魏晋	中国最早发明
选种繁育	魏晋	比国外早1300年
小麦移栽	明清	比国外早300多年

第三章

日益完善的古代农业制度

在统治者和政治家看来，民为邦本，本固邦宁。发展稳定的农业是稳住国民、安定社会、富国强民的基础。比较成熟的农业技术和比较完备的农业管理，成为中国古代经济突出的特征之一。历史上关系农业经济发展的制度和政策，主要是土地制度和赋税制度。各个朝代的土地制度大都以土地私有制为前提，同时力求限制大地主对土地的兼并，以保证政府对农业经济的直接控制。

第一节 古代农田制度

屯田制

中国历代封建政府组织劳动者在官地上进行开垦耕作的农业生产组织形式，因参加垦种者不同而有军屯与民屯之分，以军屯为主。

1. 发展概况

汉武帝刘彻元狩四年（前119年）击败匈奴后，在国土西陲进行大规模屯田，以给养边防军，这就是边防屯田。自此经魏晋南北朝、隋唐以至两宋，各代都推行过边防屯田。屯田制主要是出于军事需要，在国家分裂的时期尤受重视。如魏、蜀、吴三国鼎立时，南北朝对立时，宋、金对峙时，都常在两淮地区屯田（只有三国时的蜀汉屯田在汉中和秦陇地区）；东魏、北齐和西魏、北周并存时，双方在黄河两岸屯田。这些屯田虽多是设置在中原地区，但因列国分立，仍然是属于边防屯田。真正的内地屯田在东汉、曹魏、北魏和唐代曾经存在过，不过为时短暂，成绩也不如边防屯田那么显著。

屯田

屯田的地域分布自金元时期以来便发生了改变。女真族入主中原，为了稳定统治，驻军内外各地。金政府于驻军所在地分拨田土，兵士屯种自给，屯田由此遍及内地和边陲。元朝幅员辽阔，“内而各卫，外而行省，皆立屯田”。

明代继承元代的军户制度，军户子孙世代为兵，作战而外，平时屯种。明代的兵士大致以 5600 人为卫，1120 人为千户所，112 人为百户所，军屯组织是和卫所制度相适应，卫所屯田因此遍及全国。明代为了充实边防力量，鼓励商人运粮至边地仓库交纳，由官给与盐引；而盐商惮于长途转运粮食，乃在官府拨给的边区荒地上招募游民屯垦，以所获粮食，换取盐引，称为商屯，它在整个屯田事业中所占比重很小。

屯田的原意是屯田以兵、营田以民，所以又被称为"营田"。实际上，历代不少营田也常使用士兵，即使是民屯，通常也多采用军事编制，所生产的粮食主要也是用以供给军需。

2. 屯田的规模

屯田的规模在不同的朝代各不相同。汉武帝在黄河河套以至河西张掖、酒泉一带屯垦戍卒 60 万人。唐代屯田主要在辽东至陇右的北方边界，有 5 万顷左右。

宋代屯田不多，北宋真宗时有 4200 余顷。元代在各行省普设屯田，不下 18 万顷。明代达于极盛，"东自辽左，北抵宣（府）、大（同），西至甘肃，南尽滇、蜀，极于交趾，中原则大河南北，在在兴屯"，达 64 万余顷。清代除保留漕运屯田外，裁撤卫所屯军，八旗和绿营诸兵都仰食于官府，只在蒙古、新疆和西南苗疆设有若干屯田。由此屯田制度进入尾声。

3. 剥削形式

屯田其实就是封建政府强制人们耕种官地。曹魏、元、明的屯田兵有特殊的军籍，世袭服役，地位比较卑下；汉、唐、宋的屯田兵只是编入军队的民户，身分与屯民及普通百姓无何差异。屯田制的剥削形式大体有三种。

（1）劳役地租。屯田多是屯官给工具、种子，又常是集体劳作，收获除供屯户食用外，全部交官。唐、宋的屯田多属此类。明、清的漕运屯田，授给军户田五十亩，令其提供漕运徭役，也是一种劳役地租。

（2）分成制实物地租。曹魏的许下屯田，用官牛的，其收获官六民四；用私牛的，对半分。西晋初年和前燕的屯田，用官牛的，官八私二；用私牛的，官七私三。

（3）定额实物租。西汉在西北的屯垦，“田六十五亩，租二十六石”，即每亩收租四斗。北魏民屯，一夫缴粮60斛。南朝刘宋武吏屯田，每人缴米60斛。明初，辽东每军限田50亩，租15石；惠帝时，军田50亩，纳正粮12石，供军士用，余粮12石为地租，后余粮减为6石。清嘉庆间，伊犁屯田每兵每年交粮13石。

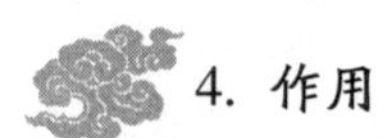

4. 作用

屯田保证了边防军的粮饷需要，对于边疆可耕地的开拓和边防的巩固有积极作用。屯田制也有利于集中人力、物力，兴修大型的水利工程，推广一些先进的生产技术。但屯田的成绩与历代屯田的政策密切相关。大致说来，凡是设置屯田的朝代，在建国初期，屯田成绩比较显著，随着封建统治者日趋腐朽，剥削日益加重，屯田劳动者大批死亡或逃散，幸存者怠工，屯田也就逐渐变质瓦解。屯田是一种强制劳动，明清以来，分租制日益普遍化，早期所设屯田，后期多召佃出租。

均田制

均田制是北魏到唐代前朝实行的一种土地制度。从北魏太和九年（485年）政府颁布均田令开始实施，经东魏、西魏、北齐、北周、隋到唐建中元年（780年）废弛，前后约300年。

1. 均田制的内容

北魏颁布的均田令由其前期在代北实行的计口授田制度演变而来，是当时北方人口大量迁徙和死亡，土地荒芜，劳动力与土地分离，所有权和占有权十分混乱这一特殊情况下的产物。其主要内容是：15岁以上男夫受露田40亩、桑田20亩，妇人受露田20亩。露田加倍或两倍授给，以备休耕，是为“倍田”。身死或年逾70者将露田还官。桑田为世业田，不须还官，但要在3年内种上规定的桑、榆、枣树。不宜种桑的地方，则男夫给麻田10亩（相当于桑田），妇人给麻田5亩。家内原有的桑田，所有权不变，但要用来充抵应受倍田份额。达到应受额的，不准再受；超过应受额部分，可以出卖；不足

应受额部分，可以买足。贵族官僚地主可以通过奴婢、耕牛受田，另外获得土地。奴婢受田额与良民同。耕牛每头受露田 30 亩，一户限 4 头。凡是只有老小残疾户，户主按男夫应受额的半数授给。民田还受，每年正月进行一次。在土地不足之处，有满 15 岁成丁应受田而无田可受时，以其家桑田充数；如果桑田的数量也不够，则从其家内受田口已受额中匀减出若干亩给新受田者。

地足之处，居民不准无故迁徙；地不足之处，可以向空荒处迁徙，但不许从赋役重处迁往赋役轻处。土地多的地方，居民可以根据自己的耕种能力借用国有荒地耕种。园宅田，良民每3 口给1 亩，奴婢5 口给1 亩。因犯罪流徙或户绝无人守业的土地，收归国家所有，作均田授受之用，但首先授其近亲。地方守宰按官职高低授给职分田，刺史 15 顷，太守 10 顷，治中、别驾各 8 顷，县令、郡丞各 6 顷，不许买卖，离职时移交于接任官。

均田制与赋役制密切联系。均田令公布后，北魏又制定了新的租调制。均田农户除丁男负担征戍、杂役外，一夫一妇出帛或出布 1 匹（4 丈），粟 2 石。15 岁以上未婚男女 4 人，从事耕织的奴婢 8 人，耕牛 20 头，其租调都分别相当于一夫一妇的数量。

以上内容，各朝有过若干变动。北周主要是取消倍田之名，应受额改为一夫一妇 140 亩，单丁 100 亩；受田年龄改为 18 岁成丁受田，65 岁年老退田。赋役负担改为一夫一妇纳调绢 1 匹、绵 8 两（或布 1 匹、麻 10 斤），租粟 5 斛，单丁减半。18 ~ 59 岁丁男一年服役 30 日。北齐河清三年（564 年）重新颁布均田令，规定邺城 30 里内土地全部作为公田，按等差授给洛阳刚迁来的鲜卑贵族官僚和羽林、虎贲；30 里以外、100 里以内土地按等差授给汉族官僚和兵士。100 里以外和各州为一般地区，应受田额与受田、退田年龄大致与北周同。奴婢受田人数按官品限制在 60 ~ 300 人。赋役负担，一夫一妇之调与北周同，租为垦租 2 石、义租 5 斗。奴婢则为良民之半。

隋代开皇二年（582 年）下令，丁男、中男的永业、露田受田额与北齐同。补充内容中突出的一点是官人永业田与品级相适应，自诸王以下至都督，最多授给 100 顷，最小 40 亩。此外，内外官按品级高下授给职分田（职田），最多 5 顷，最少 1 顷。内外官署

魏孝文帝颁布了均田令

又给公廨田，以供公用。赋役负担以一夫一妇为一床，纳租粟3石，调绢1匹（第二年减为2丈），绵3两。单丁及奴婢、部曲、客女按半床纳租调。丁男每年服役30日（第二年减为20日）。隋炀帝杨广即位，免除妇人和奴婢、部曲的租调，大概也同时废除了他们受田的制度。

唐代均田制，在隋代基础上，明确取消了奴婢、妇人及耕牛受田，土地买卖限制放宽，内容更为详备。综合武德七年（624年）令、开元七年（719年）令、开元二十五年（737年）令等记载，主要内容为：丁男和18岁以上的中男，各受永业田20亩，口分田80亩。老男、笃疾、废疾各给口分田40亩，寡妻妾30亩。丁男和18岁以上中男以外的人作户主的，则受永业田20亩，口分田30亩。民户原有的永业田，在不变动所有权的前提下，计算在已受田内，充抵应受的永业、口分额。有封爵的贵族和五品以上职事官、散官，可以依照品级请受永业田5～100顷。勋官可以依照勋级请受勋田60亩至30顷。道士受口分田30亩，女冠受口分田20亩。僧尼受田与道士、女冠同。官户（指官府所属的一种贱口）受田按百姓口分之半请受。工商业者在宽乡地区，可以请受永业、口分田，其数量为百姓之半。受田悉足的叫“宽乡”，不足的叫“狭乡”。狭乡的口分田减半授给。狭乡的人不准许在宽乡遥受田亩。五品以上官人永业田和勋田只能在宽乡授给，但准许在狭乡买荫赐田充。六品以下可在本乡取还公田充。永业田皆传子孙，不再收还。口分田身死后入官，另行授受，但首先照顾本户应受田者。庶民有身死家贫无以供葬以及犯罪流徙的，准许出卖永业田；迁往宽乡和卖充住宅、邸店、碾硙的，并准许出卖口分田。在职官依照内外官品和职务性质的不同，有80亩至12顷的职分田，以其地租充作俸禄的一部分，离职时须移交后任。内外官署各有1～40顷的公廨田，以其地租充作办公费用。均田农户法定的赋役负担，大致与隋同。

2. 均田制的作用

均田令，一方面通过奴婢、耕牛受田（隋以前）或依照官品授永业田（隋以后）等方式，保障贵族官僚地主利益，但限制他们占田过限；另一方面规定授田时先贫后富，以及限制民户出卖应受份额的土地，以期农民也能拥有一定数量的土地。实施均田制的目的是建立一套限额授受的土地制度，协调统治阶级内部矛盾，缓和被统治者的反抗，使劳动力与土地结合，以利于政府对农民的控制，以及恢复和发展农业生产，保证政府赋役来源。

均田制的实施对农业生产的恢复和发展起到了积极作用。它肯定了土地的所有权和占有权，减少了田产纠纷，有利于无主荒田的开垦。均田制的实施，和与之相联系的新的租调量较前有所减轻，以及实行三长制有利于依附农民摆脱豪强大族控制，转变为国家编户，使政府控制的自耕小农这一阶层的人数大大增多，保证了赋役来源，从而增强了专制主义中央集权制。均田制是在鲜卑拓跋部由游牧、畜牧经济向农业经济转变，鲜卑及其他少数民族与汉族融合的过程中产生的，它的实施加速了上述转变过程。隋朝能够统一南北以及唐王朝的强大，均田制的实施是一个重要原因。

均田制虽然包括私有土地，但能用来授受的土地只是无主土地和荒地，数量有限。因而均田农民受田，开始普遍达不到应受额。口分田虽然规定年老、身死入官，但实际上能还官的很少。随着人口的增多和贵族官僚地主合法、非法地把大量公田据为己有，能够还授的土地就越来越少。均田令虽然限制土地买卖、占田过限，但均田农民土地不足，经济力量脆弱，赋役负担沉重，稍遇天灾人祸，就被迫出卖土地，破产逃亡，地主兼并土地是必然要发生的。由于上述种种原因，在北魏时期，均田制刚实施不久便被破坏。经过北魏末年的战乱，无主土地和荒地增多。继起的东西魏、北齐、北周、隋施行之后又破坏。隋末农民起义后，人口大减，土地荒芜，新建立起来的唐王朝重新推行均田令，取得了显著成效。唐高宗以后，均田制又逐渐遭到破坏。随着大地主土地所有制的发展，国有土地通过各种方式不断转化为私有土地。到唐玄宗开元天宝年间，土地还授实际上已不能实行。唐德宗建中元年（780 年）实行两税法后，均田制终于被废弛。

井田制

井田制是中国古代的一种田制。“井田”一词，最早见于《春秋谷梁传·宣公十五年》。其云：“古者三百步为里，名曰井田。”《孟子·滕文公上》载，滕文公使毕战问井地，其“井地”，即为“井田”。郑玄注《周礼》，于《地官》小司徒条“乃经土地而井牧其田野”句下云：“此谓造都鄙也。采地制井田异于乡遂。重立国，小司徒为经之，立其五沟五涂之界，其制似井之字，因取名焉。”并引孟子所言“井地”和《考工记》，匠人条所载沟洫法与之相比附。此为第一次将《周礼》所载田制解为“井田”。后来，大多数学

者都接受了这一说法，并从多个方面加以发挥。清金鹗作《井田考》，辨析郑玄以下诸儒解说井田之误，然不否认古有井田之制。20 世纪 20 年代，胡适作《井田辨》，提出井田的均产制是战国时代的乌托邦。战国以前，从未有人提及古代的井田制。对此说，今世学者多认为其疑古太过。实际上，“井田”一词虽出现较晚，但就现存古文献资料分析，中国古时曾存在“似井之字”的田制是不能否认的。

1. 井田制的产生和发展

据考证，我国早在夏代时期就已经开始实行井田制。商、周两代的井田制当因夏而来。井田制在长期实行的过程中，从内容到形式均有所发展和变化。

井田制大致可分为八家为井而有公田与九夫为井而无公田两个系统。记其八家为井而有公田者，如《孟子·滕文公上》载：“方里而井，井九百亩。其中为公田，八家皆私百亩，同养公田。公事毕，然后敢治私事。”记其九夫为井而无公田者，如《周礼·地官》小司徒条载：“乃经土地而井牧其田野，九夫为井，四井为邑，四邑为丘，四丘为甸，四甸为县，四县为都，以任地事而令贡赋，凡税敛之事。”

当时的赋役制度为贡、助、彻。“助”是指服劳役于公田，“贡”是指缴纳地产实物，“彻”是指兼行“贡”“助”两法。结合三代赋役之制来分析古时井田之制的两个系统，其八家为井而有公田、需行助法者自当实行于夏、商时期。《孟子》等所言私田、公田百亩之数，则当为周时所改。商时当为私田 70 亩，公田亦 70 亩，八家所耕之田共为 630 亩。夏时当为私田 50 亩，公田亦 50 亩，八家所耕之田共为 450 亩。周代行助法地区当仍沿用八家为井之制，唯改私田、公田之数为百亩；而行贡法地区则将原为公田的一份另分配于人，故有九夫为井之制出现。

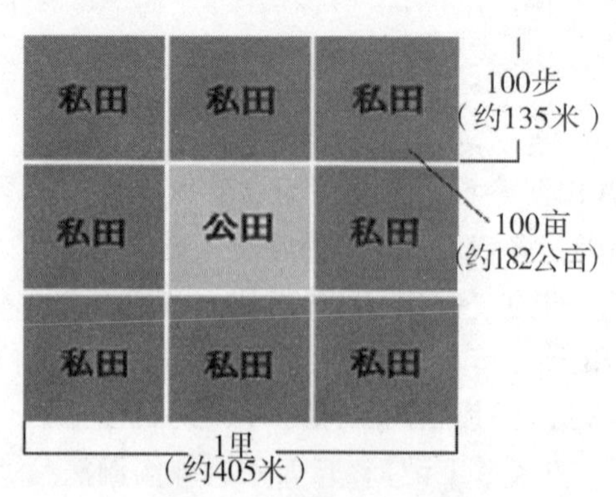

最早的土地制度——井田制

据《周礼·地官》大司徒条载：“凡造都鄙，制其地域而封沟之，以

其室数制之。不易之地家百亩，一易之地家二百亩，再易之地家三百亩。”《遂人》载：“辨其野之土上地、中地、下地，以颁田里。上地，夫一廛，田百亩，莱五十亩，余夫亦如之。中地，夫一廛，田百亩，莱百亩，余夫亦如之。下地，夫一廛，田百亩，莱二百亩，余夫亦如之。”

以上所说井田之制，应当属于比较典型的再“不易之地”所施行的。至于在“一易之地”、“再易之地”、有“莱田”之地等如何以井为耕作单位进行区划，已无法推知。《大戴礼记·主言》云：“百步为堵，三百步而里，千步而井、三井而句烈。”其“千步而井”，为“方里而井”者之三倍余，或可为“再易之地”行井田之法。

井田之间立五沟五涂之界。《遂人》载：“凡治野，夫间有遂，遂上有径；十夫有沟，沟上有畛；百夫有洫，洫上有涂；千夫有浍，浍上有道；万夫有川，川上有路，以达于畿。”《考工记》载：“匠人为沟洫。耜广五寸，二耜为耦。一耦之伐，广尺、深尺，谓之甽。田首倍之，广二尺、深二尺，谓之遂。九夫为井。井间广四尺、深四尺，谓之沟。方十里为成。成间广八尺、深八尺，谓之洫。方百里为同。同间广二寻、深二仞，谓之浍。专达千川，各载其名。”其两者所载遂、沟、洫、浍、川五沟之名相同；而不同之处，前者为“十夫有沟”，后者为“九夫为井”。“十夫有沟”，有可能是“九夫为井”的派生之制。

2. 井田制的性质及消亡

井田制是在原始氏族公社土地公有制的基础上发展演变而来的，既保留着较多的公有制成分，也包含一定的私有制因素。井田制的基本特点是实际耕作者对土地无所有权，而只有使用权；土地在一定范围内实行定期平均分配。由于对夏、商、周三代的社会性质认识各异，各家学者对井田制所属性质的认识也不相同，或以为是奴隶制度下的土地国有制，如郭沫若的《奴隶制时代》等；或以为是奴隶制度下的农村公社制，如金景芳的《论井田制度》等；或以为是封建制度下的土地领主制，如范文澜的《中国通史简编》等；或以为是封建制度下的家族公社制或农村公社制，如徐中舒的《试论周代田制及其社会性质》等。此外，还有一些其他的看法。虽然在井田制所属的性质上众说纷纭，但在承认井田组织内部具有公有向私有过渡的特征，其存在是以土地一定程度上的公有作为前提，这一点上则认识基本一致。夏、商时期实行的八家为井、同养公田之制，公有成分更多一些，故可以在较长历史时期内存在。周代以后出现的九夫为井之制个人私有的成分已增多，可以看作私田已被耕作者占有，而在长期占有的情况下是很容易转化为个人私有的。西周中期，贵族之间已有土地交易，土地的个人私有制至少在贵族之间已经出现。由此，“自上而下”，进一步发展为实际耕作者的土地个人私有制。春秋时期，晋国的“作爰田”，鲁国的“初税亩”等，也都是在事实上承认土地个人私有制普遍存在的情况下进行的改革。战国时期，秦国实行商鞅变法，“为田，开阡陌”，则是在完全的意义上推行土地个人私有制。至此，井田制彻底瓦解。

3. 井田制的影响

秦、汉以后，虽然实行井田制的社会基础已经瓦解，但其均分共耕之法对后世的影响却极为深远。历代鼓吹井田思想者不乏其人。汉时董仲舒、师丹等提出的限田制，王莽时实行的王田制，西晋时实行的占田制，北魏和隋、唐时实行的均田制等，也都与井田思想一脉相承。宋、元以后，大土地所有制确立。虽然还有人继续鼓吹井田思想，但与其相类的方案已不可能在大范围内推行，而只能在小范围内短时间存在。顾炎武《天下郡国利病书》卷三十三记载，明代凤阳府“焦山一带，地约率二十家，家四庐于其田上。一家五口，授田五十亩，五家二百五十亩，而中公五十亩，以代官耕，则五家通力合作也。而亲导之以开垦，上为园，下为田，中掘一井”。《清朝文献通考》卷五记载，“清雍正二年，于直隶之新城、固安二县制井田，选八旗人户往耕……拨新城县一百六十顷，固安县一百二十五顷八十九亩，制为井田，令八旗挑选无产业之满洲五十户、蒙古十户、汉军四十户前往耕种。自十六岁以上、六十岁以下各授田百亩，周围八分为私田，中百亩为公田”。乾隆元年(1736 年)，“改井田为屯庄”，论者称为“井田制度的最后一梦”。

占田课田制

占田课田制是西晋时期颁布的一项土地、赋税制度。战国、秦汉以来“名田”制度和限田政策的产物。名田，即以名占田，人民向国家登记户口并呈报所占田亩数。名田制度导致土地兼并发展，于是西汉中叶董仲舒提出

"限民名田"。西汉末年，大司空师丹曾主持制定"限民名田"的具体措施，但并没有贯彻实施。东汉末年战乱蜂起，人民大量流亡，造成"土业无主，皆为公田"的情况，曹操在这种条件下推行屯田制度。随着曹魏社会经济的恢复发展，自耕农经济的复兴，屯田日益失去存在的条件和意义，于是魏末晋初宣布废除屯田。晋初社会经济和土地兼并有所发展，为加强对自耕农民的控制、限制土地兼并、保证国家赋税徭役的征发，太康元年（280 年）灭吴统一全国后，西晋政府颁布占田、课田令。

占田、课田令规定：男子一人占田 70 亩，女子 30 亩。丁男课田 50 亩，丁女 20 亩，次丁男减半，次丁女不课（男女年 16 ~ 60 岁为丁，13 ~ 15 岁，61 ~ 65 岁为次丁）。官吏以官品高卑贵贱占田，从第一品占 50 顷，至第九品占 10 顷，每品之间递减 5 顷。此外规定，依官品高低荫亲属，多者九族（一说指本姓亲属，上至高祖，下至玄孙；一说包括他姓亲属，即父族四、母族三、妻族二。从后文与三世对举来看，这里当指前者），少者三世（自祖至孙）；荫衣食客，第六品以上 3 人，第七品、第八品各 2 人，第九品 1 人；荫佃客，第一品、第二品不得超过 50 户（疑当作 15 户），第三品 10 户，第四品 7 户，第五品 5 户，第六品 3 户，第七品 2 户，第八品、第九品各 1 户。

占田制规定男子一人占田 70 亩，女子 30 亩，没有年龄限制，原则上任何男女都有权按此标准占有土地。这种土地不是由政府授与或分配，而是规定人民可以占有土地的法定数量和最高限额，但政府没有任何措施保证人民占有足够数量的土地。占田制并没有改变原有的土地所有制关系，地主和农民所有的土地仍然得以保留，不足规定限额的还可以依限占垦。

课田的意义，一是课税，二是课耕，前者是目的，后者是手段。在占田数内，丁男课田 50 亩，次丁男 25 亩，丁女 20 亩。课田租额，每亩 8 升。政府不管人民是否占足限额土地，一律按照上述标准征收田租。只有边远地区少数民族不课田者，交纳"义米"，每户 3 斛（30 斗）；更远者交 5 斗；极远者交"算钱"，每人 28 文。

古代农民劳作图

占田、课田制的施行，产生了一定的积极作用。此制颁布后，出现了太康

年间（280—289 年）社会经济繁荣的局面。太康元年西晋有户 245 万余，人口 1616 万余；到太康三年有户 377 万余，增加 130 多万户。表明在占田制实行后，许多流民注籍占田，使国家户籍剧增。史称当时天下无事，赋税平均，人民在一定程度上得以安居乐业，从而促进了农业生产的发展，“牛马被野，余粮栖亩”，农村经济自汉末破坏之后，一度呈现欣欣向荣的景象。

实施占田制，一方面是限制官僚士族过度占田；另一方面则企图使小农占有一定耕地，以保证国家赋税收入。但是，从实际情况来看，其效果有限。对于官僚地主来说，可以通过品官占田荫客制，大量占有土地和依附人口，不足限额的还可以通过各种途径依限占足，超过限额的，在占田令中又没有规定任何惩处措施，官僚地主得以继续兼并土地，有利于士族地主经济的发展。因此，“园田水碓，周遍天下”的大土地所有制依然存在。由于占用田制对官僚士族兼并土地及人口的限制，西晋的土地兼并之风有所收敛。农民虽然名义上有权占有一小块土地，但事实上仍有许多“无业”或“业少之人”。农民所受剥削也较前加重，西晋课田按丁征收田租，租额比曹魏时期增加一倍。而且不论土地占足与否，都按法定课田数征收。

西晋占田、课田令颁布后 10 年，就爆发了统治阶级内争的八王之乱，不久刘渊、石勒相继起兵，北部中国又陷入干戈扰攘的时代，包括占田、课田制在内的西晋典章制度均遭受严重破坏。直到北魏太和九年（485 年）才颁布均田制，用以取代占田、课田制。

占田、课田制是封建国家为保证赋税剥削而制定的一套完整的土地、赋税制度。统治者允许人民占田是为了课田，课田建立在占田基础上，两者密不可分。西晋占田、课田制总结了古代土地、赋税制度的经验，规定了占田的最高限额和课田的最低限额，允许人民在这两个限额之间有机动余地，从而既保证了国家赋税收入，又在一定程度上调动了农民的生产积极性，起到了“劝课农桑”的作用，有利于促进个体农民经济的发展。

粮长制

粮长制是明朝在各州县设置的由粮长负责征解税粮的制度，始创于洪武四年（1371 年）。粮长制的实行方法是，每州县按征收粮额分为若干粮区，区设粮长。先行于南直隶和浙江、江西，有漕各省曰漕运粮长，其他

各省曰赋役粮长，苏、松等府兼征白粮的州县专设白粮粮长。10月初粮长先在粮区内纳粮最多之大户中公推。后为政府指派。行粮长制的目的，在于杜绝官吏之侵渔。取缔豪右包揽，便于民户就地交纳，以保证税收，杜绝中饱。

明初，除征解税粮外，粮长还具有基层政治首领的职能，职权为率同里长丈量土地、编造鱼鳞图册及黄册制度、劝导农民耕种生产、检举逃避税粮人户、呈报灾荒和蠲免事宜、揭发不法官吏和地方顽民等。有的地区粮长还兼掌听讼理狱之权。后粮长职权逐渐缩小，仅限于税粮的征解。宪宗成化（1465—1487年）以后，漕运改行兑运，解运由卫所军担任，故漕粮长只负责税粮的催征，而江浙兼征白粮州县仍由粮长征收解运。

知识链接

永佃权

永佃权是指在佃农和地主的土地关系中，佃方享有长期耕种所租土地的制度。佃农在按租佃契约交纳地租的条件下，可以无限期地耕作所租土地，并世代相承。即使地主的土地所有权发生变化，佃农的耕作权一般仍不受影响。永佃权最早出现在宋代，明代有所发展，有永耕、长租、长耕等名。明代中叶以后，首先在福建等东南省份的某些地区流行，清代盛行于东南诸省及华北、西北、华南的部分地区，民国时范围又有所扩大。

永佃权的形成是与定额地租形态的发展相适应的。在定额地租形态下，地主只是收租，而不关心土地的经营情况，这使土地所有权与耕作权的分离成为可能。在这种情况下，佃农或因垦荒付出工本，或因投资改良土地，或因支付“佃价”，或因长期租种同一块土地，或因集体“霸耕”而获得永佃权。另外，也有自耕农出卖土地、仅保留耕作权而结成永佃关系。

在地广人稀地区，有的地主为保障土地收益，也强迫佃农结成永佃关系。永佃权的产生和发展，有利于作物种植的扩大和土地收益的提高，也有利于佃农经济独立性倾向的发展和人身依附关系的削弱。但当地主权势嚣张时，每每任意改变永佃条件，使佃农丧失永佃权，明清时代经常发生佃农争取耕作权的斗争。

有永佃权的农民往往“私相授受”，将田面出顶、典押或买卖，还有的保留或转移征租权，造成土地所有权的再分割。许多官绅、豪民、债主也竞相从自耕农或永佃农手中掠取或购置田面，进行地租剥削。因此，在明朝中叶，出现了许多“一田两主”“一田多主”的现象。在“一田多主”制下，出租田面的人都是二地主，俗称“面主、皮主、赔主”。

在永佃制下，不同的地区对土地所有权和耕作权有不同的称谓。有田骨田皮、田底田面、大苗小苗、大租小租、大田小田、大卖小卖、大买小买、大业小业、粮田税田、粮田质田等，呈现出错综复杂的关系。清宣统三年（1911 年）编纂的《大清民律》草案在承认永佃权的同时，又规定其存续时间为 20～52 年，实际上否认其永久性。1929 年公布的《中华民国民法》基本沿袭上述规定。

第二节
中国古代农业租税制度

租佃制

租佃制是一种地主向农民出租土地、收取地租的土地经营制度。租佃制度产生的历史前提是：一方面，地主占有了农民的主要生产资料——土地；另一方面，广大农民不占有土地，但占有在实际上或法律上属于他们的部分其他生产资料。他们利用这些生产资料租种地主的土地，独立经营农业以及家庭手工业，而把剩余劳动甚至部分必要劳动作为地租交纳给地主。相比于没有独立人格的奴隶，租佃农民的身份是自由的。但同时，经济上的依附关系又必然形成租佃农民对地主的人身依附关系。地租的实现，也必须有赖于地主对农民的超经济强制。

中国封建土地所有制的主要经营方式是租佃制度。在我国，租佃制随着历史时期和地区的不同而呈现出不同的形态。其产生和发展，大致可以分成三个阶段。

1. 从先秦到魏晋南北朝，租佃制度产生并初步发展

租佃制度产生于春秋、战国时代。春秋后期，周天子对土地的最高支配权丧失，“公田不治”，土地关系逐渐走向私有化，井田制破坏，封建依附关系开始产生、发展起来。新兴的地主阶级改变旧的剥削方式，招徕逃亡奴隶和破产平民，作为自己的“私属徒”，把土地分给他们耕种，从中收取地租，租佃制度于此产生。

租佃制度在秦汉时期有了初步发展。由于土地兼并，越来越多的小农丧失土地，沦为大土地所有者的佃农。同时，专制国家为解决流民问题，也将大量的封建国有土地出租给农民，即“假民公田”。

从东汉末年到魏晋南北朝时期，随着豪强地主势力的膨胀，并进而形成士族地主集团，地主与农民之间的租佃关系也进入了一个人身依附关系特别严重的阶段。这一时期依附于世家大族的租佃农民来源略有不同，主要来自由破产小农转化而成的徒附，此外还有宾客、宗人及被赦免的奴隶。这些依附农民承租庄田，进行耕作，向主家纳粮完租，“输太半之赋”。除实物地租外，他们要无偿地为田庄主服劳役，如砍伐林木、修治陂渠、营造院宇、担任运输等。田庄主还把他们编制起来，组成私人武装，平时为主人看家护院、巡警守卫，战时则跟随出征，由此逐渐形成部曲、家兵制度。他们一般都脱离了专制国家的控制，成为世家大族的私属。

不过魏晋南北朝时期，在大田庄普遍存在依附性很强的租佃关系的同时，一般民田的租佃中已经出现个别的缔结契约关系的现象，新的租佃形式正在悄然形成。

2. 从隋朝至元朝，立契租佃制度普遍流行

立契租佃制在唐朝前期就已经相当盛行。唐朝中叶，土地兼并愈演愈烈，大土地所有制迅速发展，均田制终于破坏，多数自耕小农丧失土地，沦为封建地主的佃农。租佃制在社会经济生活中的比例遂迅速扩大，并进而占据主导地位。

这一时期的租佃契约，从本质上说虽然仍是封建地主剥削农民的凭据，但它毕竟在历史上第一次对主佃双方的权利和义务都做出了比较明确的规定。立契租佃制的普遍化，是一个巨大的历史进步。

隋唐以后租佃制度的发展还表现在其他方面。

首先，地租形式发生局部变化。唐宋时期，除个别经济比较落后的地区劳役地租的成分还比较高外，一般地区广泛实行产品地租，其中实物定额租的比例有了扩大。

其次，在宋朝官田的租佃经营中，出现了大量的由形势户包佃的现象，形势户包占官田，然后再转手租给小农，充当二地主，从而形成业主、田主

和种户的三层关系，使租佃关系更加复杂化。此外，部分官田佃户已经取得了实际上的永佃权，他们常常子孙相承，视官田“如同永业”。因此，宋朝的法律又规定租佃官田的佃户可以将佃权转移让渡。在转让中，新佃户须向旧佃户支付一定的代价，这就是所谓酬价交佃或随价得佃。不过土地的所有权与使用权（佃权）分离的现象，当时在民田中尚未发现，说明永佃权还处在萌芽状态。

最后，佃户的法律地位逐渐明确。佃农自秦汉以来就一直是世家大族的私属。直至唐朝，佃种大地主庄田的农民仍多“王役不供，簿籍不挂”。赵宋立国后，把客户登录簿籍，从而成了封建国家的编户齐民，他们的户籍权得到了承认，同别的编户齐民有了平等的关系。尽管如此，佃客与主人的关系，在法律地位上却始终存在着主仆名分，是不平等的。

宋元期间佃农法律地位低下的事实，说明自唐宋以来租佃制度虽普遍流行，但佃农对地主仍存在较严重的人身依附关系，租佃关系的发展还没有进入完全成熟的阶段。

3. 自明朝到中华民国时期，单纯纳租关系的租佃制度逐步发展

明清以后，封建租佃关系发展的主要标志是主佃之间严格的人身依附关系的衰落，宋元以来关于贬抑佃农地位的法律条文已被废弃。明清时期各地此起彼伏的佃农反抗斗争，既是导致人身依附关系削弱的重要原因，又是这种削弱的反映。

明清时期，地租形式也发生了较大的变化。实物分成租虽然依旧在全国流行，但已经开始了从分成租向定额租的全面转化。定额租制下的主佃关系，一般只是一种单纯的纳租关系。定额租是当时租佃制度的主流，劳动地租只在个别地区残存。有的地方，地主欲求佃农送租上门，已须支付一定的“脚力钱”。地主不再指挥生产或关心生产的好坏，以致出现了“惟知租之人而不知田之处者”的现象。在商品货币经济的刺激下，从定额租转化而来的由以折纳实物的货币租也有了一定程度的发展。由于当时的货币租仍属于封建地租的范畴，在各类地租形式中所占比例也不大。至 20 世纪 30 年代，在经济比较发达的江苏省，货币租约占地租的 16%；浙江、安徽货币租占地租均为 10%。

明清以来，随着佃农队伍的扩大和自由租佃关系的发展，封建政府逐渐

介入、干预租佃关系，代表地主阶级集中行使对佃农的控制权。一方面，早在元朝，封建政府就曾诏令私人地主蠲减地租。在清初，类似的蠲减地租的诏书颁发次数更多，意在推行与民休息政策，防止私人地主竭泽而渔，激化阶级矛盾。另一方面，封建政府行使保障私人地主经济利益的政策。

从总体看，1949 年以前，中国的租佃制度并没有全面进入单纯纳租关系阶段，资本主义性质的租佃关系尚未发生。土地改革运动后，中国大陆的封建租佃制度被取消。

户等制

中国一些封建王朝在登记户籍时，将编户按资产的多寡划分出不同等次，以作为税役多少轻重的标准和依据。汉代已依据各户财产多少，分等征税，但没有户等制的明文记载。自三国时曹魏至北齐、隋、唐，实行九品户和九等户制。唐朝将上上户、上中户、上下户和中上户四等作为“上户”，中中户、中下户和下上户三等作为“次户”，下中户和下下户二等作为“下户”，按户等的差别，分摊户税、地税等。五等户制是在五代时期开始出现的。宋承五代遗制，将乡村主户，按财产多少，划分为五等，一、二、三等户为“上户”，其中，二、三等户也称“中户”，四、五等户称“下户”。坊郭户则分成十等。宋朝规定，每隔三年，各地乡村要重造五等丁产簿。乡村划分户等的财产标准，南北各地极不一致，大致依据：第一，各户家业钱的多少，家业钱额是将各户的田地与浮财折算而成；第二，各户税钱和税物的多少；第三，各户田亩的数量；第四，各户播种种子的多少等，但归根结底主要还是依土地多少和肥瘠以定高低。宋代户等制远比前代完备，在赋役制度上的重要性更为突出。两税的支移和折变，规定先富后贫，自近及远的原则，往往上户从重，下户从轻。其他如和买、义仓、科配等都有类似规定。在灾年则往往按户等高低，首先蠲免或减少下户的赋税，并对下户实施赈济。在差役方面，北宋前期和中期，第一等户、第二等户任耆长、户长、里正、衙前，第三等户充弓手，第四等户、第五等户充壮丁，也体现了户等愈低，差役愈轻的精神。摊派夫役，有时也按户等规定各户出夫多少。封建国家实行户等制是从维护地主阶级长远利益出发的，目的在加强对广大农民的控制，增加更多的赋役（见职役）。但在实行的过程中，首先破坏户等制的正是地主土

豪。为了逃避赋役，大家富户往往勾结地方官吏，将赋役转稼给贫民下户。

金元两代也继承了户等制。金世宗大定年间（1161—1189 年），遣使验各户土地、牛具、奴婢之数，分户为上、中、下三等。有些地方又析每等为三级，故又称“三等九甲户”，或九等户。元世祖至元元年（1264 年）于北方行三等九甲之法。灭南宋后又推行于南方。科差、杂泛差役、和买、和雇等均按户等承担。签充军、站户亦以户等为依据。但元朝户籍制度混乱，没有定期的户籍登记和调整户等的规定，户等名不副实。到了元朝末年，户等制已经名存实亡了。

明朝，户等仍是各地编发徭役的依据，但明政府对户等的划分及调整始终没有统一的规定。随着徭役负担逐渐向土地转移，户等制亦渐趋消亡。

租庸调制

租庸调制是唐朝前期实行的一种赋税制度。北魏在实行均田制的同时，制定了与之相适应的租调制度，规定以一夫一妇作为交纳租调的单位，但对徭役的规定不详。北齐对租调和服役年龄都做了具体规定。

隋朝建立后，开皇二年（582 年）新令规定：一夫一妇为一床，交纳租粟 3 石，调绢 1 疋（4 丈）或布 1 端（5 丈）、绵 3 两或麻 3 斤；单丁和奴婢、部曲、客女依半床交纳；丁男每年服役 1 个月。

开皇三年（583 年）又下令：成丁年龄由 18 岁提高为 21 岁，中男由 11 岁提高到 16 岁；每年服役期由 1 个月减为 20 天；调绢由 1 疋改为 2 丈。开皇十年又规定丁年 50 岁，免役收庸。以庸代役的制度开始部分推行。

隋炀帝即位后，“除妇人及部曲、奴婢之课”，租调徭役完全按丁征收。

李渊建立唐朝后，武德二年（619 年）二月制，每丁纳租 2 石，绢 2 丈，绵 3 两，此外不得横有调敛。武德七年（624 年）四月，又颁新的赋役令，规定：每丁纳租粟 2 石；调则随乡土所产，每年交纳绫（或绢、絁）2 丈、绵 3 两，不产丝绵的地方，则纳布 2 丈 5 尺，麻 3 斤；丁役 20 日，若不役则收其庸，每日折绢 3 尺。如果政府额外加役，15 天免调，30 天租调皆免，正役和加役总数最多不能超过 50 天。赋役令还规定：遇有水旱虫霜为灾，十分损四以上免租，十分损六以上免调，十分损七以上，课役俱免。这就是租庸调制的主要内容。以后虽不断修订，增加了一些新内容，但上述基本内容一直未变。

唐朝赋役令还规定，五品以上高级官僚及王公的亲属都可以按照品级在规定范围内免除赋役。六品以下、九品以上的中下级官吏只免除其本人的课役。征发课役的原则是：先富强，后贫弱；先多丁，后少丁。唐律禁止官吏在征发课役时违法及不均平。

租庸调由县尉负责征收。庸调绢每年八月开始收敛，九月从州运往京城和指定地点，租则根据各地收获的早晚进行征收，十一月开始运送。一般是物之精和地之近者运往京城，送交司农、太府、将作、少府等寺监。物之固者与地之远者则送交边军及都护府以供军用。

租庸调以人丁为本，不论土地、财产的多少，都要按丁交纳同等数量的绢粟。租庸调制要求按丁纳粟是因为唐初存在有大量的占有一定数量土地的自耕农。唐高宗、武则天以后，直到唐玄宗统治期间，土地兼并日益发展，农民逐渐失去土地，按丁征收的租庸调逐步成为农民沉重的负担。许多农民破产逃亡，成为地主的佃户。租庸调制渐渐与当时的土地占有情况不相适应。到了玄宗天宝年间（742—756 年）“丁口转死，非旧名矣；田亩移换，非旧额矣；贫富升降，非旧第矣”，而天下户籍久不更造，甚至戍边死亡者也不为之除籍，户部按旧籍征敛租庸调，地方政府则把虚挂丁户的租庸调均摊到没有逃亡的贫苦农民身上，迫使更多的农民逃亡，租庸调制已经无法继续下去了。唐德宗建中元年（780 年）实行两税法时，正式宣布废止租庸调制。

两税法

两税法是唐代后期实行的用以取代租庸调制的赋税制度，开始实行于德宗建中元年（780 年）。两税法的实行，是封建大土地所有制发展、均田制被破坏的必然结果。唐初实行均田制，在一定程度上保证了每户农民有一块土地。凭借这些土地，可以承担国家的租税和徭役，并维持一家生计。以“丁身为本”的租庸调制便是在这个基础上实行的。自唐朝建国之后始，土地兼并之风日益盛行。到武周时期，失去土地而逃亡的农民已经很多，玄宗时宇文融的括户，括出逃户 80 余万和相应的籍外田亩数，就反映了当时均田制度破坏的严重程度。农民逃亡，政府往往责成邻保代纳租庸调，结果是迫使更

多的农民逃亡，租庸调制的维持已经十分困难。

与此同时，按垦田面积征收的地税和按贫富等级征收的户税逐渐重要起来，到天宝年间，户税钱达200余万贯，地税粟（谷）达1240余万石，在政府收入中的比重已经和租调大约相等。安史之乱以后，国家失去有效地控制户口及田亩籍账的能力，土地兼并更是剧烈，加以军费急需，各地军政长官都可以任意用各种名目摊派，无须获得中央批准，于是杂税林立，中央不能检查诸使，诸使不能检查诸州。这一时期，赋税制度非常混乱，阶级矛盾十分尖锐，江南地区出现袁晁、方清、陈庄等人的武装起义，苦于赋敛的人民纷纷参加。这就使得赋税制度的改革势在必行。

在建中以前，已有对两税法多次试探性的或局部地区的改革。代宗广德二年（764年）诏令：天下户口，由所在刺史、县令据当时实在人户，依贫富评定等级差科（差派徭役和科税），不准按旧籍账的虚额（原来户籍上的人丁、田亩、租庸调数字）去摊及邻保。这实际上就是用户税的征收原则去代替租、庸、调的征税原则。但是这次改革并没有贯彻下去。永泰元年（765年）又命令："其百姓除正租庸外，不得更别有科率。"但是在同年五月，京兆尹第五琦奏请夏麦每10亩官税一亩，企图实行古代的十一税制。实际上是加重地税。到大历四年（769年）、五年（770年）又先后有几次关于田亩征税的命令，五年三月的规定是京兆府夏税，上田亩税6升，下田亩税4升；秋税，上田亩税5升，下田亩税3升。分夏秋两次并且按亩积和田地质量征税，都是试行的新原则。与此同时，在广德二年至永泰二年（766年）已开始征青苗地头钱，按垦田面积，每亩征税15文，也是按占有土地的面积科税，不过是征钱而不是征租。

大历十四年（779年）五月，唐德宗即位，八月以杨炎为宰相，决心把税制改革进行下去。杨炎建议实行两税法。到次年（建中元年）正月五日，正式以赦诏公布。

两税法的主要原则是："户无主客，以见居为簿；人无丁中，以贫富为差。"即不再区分土户（本贯户）、客户（外来户），只要在当地有资产、土地，就算当地人，上籍征税。这是为了解决一些官僚、富人在本乡破除籍贯，逃避租庸调，而到其他州县去购置田产，以寄庄户、寄住户或客户的名义享受轻税优待的问题。同时，不再按照丁、中的原则征租庸调，而是按贫富等级征财产税及土地税。杨炎变法是中国土地制度史和赋税制度史上的一大变

杨炎推行了两税法

化，反映出过去由封建国家在不同程度上控制土地占有（或私有）的原则变为不干预或少干预的原则。从此以后，再没有一个由国家规定的土地兼并限额（畔限）。同时，征税对象不再以人丁为主，而以财产、土地为主，而且愈来愈以土地为主。两税法实施的具体措施有。

（1）将建中以前正税、杂税及杂徭合并为一个总额，即所谓“两税元额”。两税元额分为两种：一种是斛斗（谷物），按土地面积摊征；另一种是税钱，按户等高下摊征。元额虽规定以大历十四年的数字为准，实际上是以大历中各种税额加起来最多的一年为准（但两税元额中不包括青苗地头钱，青苗钱以后仍然单独征收）。各州、县都有自己的“元额”，也是以大历中最高的一年为准。

（2）将这个元额摊派到每户，分别按垦田面积和户等高下摊分。以后无论有什么变化，各州、县的元额都不准减少。

（3）每年分夏、秋两次征收，夏税不得过六月，秋税不得过十一月。因此被称为两税（一说是因为它包括户税、地税两个内容）。

（4）无固定居处的商人，所在州县依照其收入的1/30征税。

（5）租、庸、杂徭悉省，但丁额不废（保留丁额可能还是为了临时差派力役）。

两税法把中唐极端紊乱的税制统一起来，短期内曾在一定程度上减轻了人民的负担，并且把征税原则由按人丁转为按贫富，扩大了征税面，也对无地少产的农民有好处。但实行过程中，两税法的弊端也着实不少。首先是长期不调整户等。建中元年定两税时定户已不严格，贞元四年（788年）又诏令定户等，并且规定三年一定，以为常式，但是许多地方的材料反映，自建中以后就长期没有再定户等，这样就不能贯彻贫富分等负担的原则。其次是

两税中户税部分的税额是以钱计算，由于政府征钱，市面上钱币的流通量不足，很快就产生钱重物轻的现象，农民要贱卖绢帛、谷物或其他产品以交纳税钱，无形中增加了农民的负担，到后来比之定税时竟多出3~4倍。最后是两税制下土地合法买卖，土地兼并之风更加盛行，富人勒逼贫民卖地而不移税，产去税存，到后来无法交纳，只有逃亡。于是土地集中达到前所未有的程度，而农民沦为佃户、庄客者更多。由于这些弊病，两税法遭到当时很有影响力的人物如陆赞等的强烈反对，但是他们拿不出更好的办法代替它，只是主张恢复租庸调，而租庸调已根本无法再实行，地主私有经济的发展趋势不可能逆转，这种税制也就成为后代封建统治者所奉行的基本税制了。

一条鞭法

“一条鞭法”是明代中叶后期在赋役方面的一项重大改革。一条鞭法初名“条编”，又名类编法、明编法、总编法等。后“编”又作“鞭”，间或用“边”。主要是总括一县之赋役，悉并为一条，即先将赋和役分别合并；再通将一省丁银均一省徭役，每粮一石编银若干，每丁审银若干；最后将役银与赋银合并征收。

一条鞭法改革主要是役法改革，也涉及田赋。明代徭役原有里甲正役、均徭和杂泛差役。其中以里甲为主干，以户为基本单位，户又按丁粮多寡分为三等九则，作为编征差徭的依据。丁指16~60岁的合龄男丁，粮指田赋。粮之多寡取决于地亩，因而徭役之中也包含有一部分地亩税。自耕农小土地所有制的广泛以及地权的相对稳定是实行一条鞭法的基础。明中叶后，土地兼并剧烈，地权高度集中，加以官绅包揽、大户诡寄、徭役日重、农民逃徙，里甲户丁和田额已多不实，政府财政收入减少。针对这种现象，不少人提出改革措施，政府从保证赋役出发，遂逐渐把编征徭役的重心由户丁转向田亩。商品经济的发展，货币作用的上升，也为这一变革创造了条件。

早在宣宗宣德年间（1426—1435年）江南出现的征一法，英宗正统年间（1436—1449年）江西出现的鼠尾册，英宗天顺年间（1457—1464年）以后东南出现的十段锦法，至成化年间（1465—1487年）浙江、广东出现的均平银，弘治年间（1488—1505年）福建出现的纲银法，都具有徭役折银向田亩转移的内容。但这些改革只是在少数地区实行，并没有在全国范围内进行推

广。一条鞭法是从嘉靖九年（1530年）开始在全国范围内推行的。实行较早的首推赋役繁重的南直隶（约在今江苏、安徽一带）和浙江省，其次为江西、福建、广东和广西，但这时也只限于某些府、州、县，并未普遍实行。由于赋役改革触及官绅地主的经济利益，阻力较大，在开始时期进展较慢，由嘉靖四十年至穆宗隆庆（1567—1572年）的十多年间始逐渐推广。万历初首辅张居正执政时期，经过大规模清丈，才在全国范围推行，进展比较迅速。万历十年（1582年）后，西南云、贵和西北陕、甘等偏远地区也相继实行。但即使在中原地区，有些州县一直到崇祯年间（1628—1644年）才开始实行。这一改革由嘉靖至崇祯，前后历经百年。

一条鞭法的实行，在役银编征方面打破了过去的里甲界限，改为以州县为基本单位，将一州县役银均派于该州县之丁粮。编征是实行“量地计丁”，即根据民户的土地财产及劳动力状况编征。据隆庆四年（1570年）户部奏：江南布政司所属府、州、县各项差徭，通计一岁共用银若干，照依丁粮两项编派，有丁无粮者作为下户，仍纳丁银；有丁有粮者编为中户，丁粮俱多者编为上户，“俱照丁粮并纳”。此经批准“著为定例”。可见“量地计丁”是当时编征役银的基本原则。

在执行一条鞭法的过程中，各个地区的具体做法都不一样。有的固定丁粮编征的比例，如南直隶、江宁、庐州、安庆等府，河南邓州（今河南邓县）和新野等县役银按“丁一粮三”比例编征；陕西白水县役银按“丁六粮四”比例编征；有的固定民每丁、粮每石或地每亩摊征的银额，如江苏嘉定县每丁摊征役银一分、每亩摊征役银七厘七毫，浙江余姚县每丁摊征役银五分、每亩摊征役银四厘，山东曹县每丁摊征役银七分二厘、每大亩摊征役银七分一厘；也有将役银全部摊派于地亩的，如广东始兴县每粮一石带征丁银二钱六分，山东鱼台县将役银均派于税粮。就役银由户丁摊入地亩的比例而言，除明代晚期少数地区将役银全部摊入地亩，户丁不再负担役银者外，可以归纳为以下三类。第一，以丁为主，以田为辅，以州县为单位，将役银中的小部分摊入地亩，户丁仍承担大部分役银。第二，按丁田平均分摊役银，即将州县役银的一半摊入地亩，另一半由户丁承担。第三，以田为主，以丁为辅，即将州县役银中的大部分摊入地亩，其余小部分由户丁承担。

对农民来说，差徭和田赋其实是两种不同性质的剥削。在未实行一条鞭法以前，差徭之中虽然有一部分摊派于田亩，但所占比重很小。实行一条鞭

法后，役银由户丁负担的部分缩小，摊派于田亩的部分增大，国家增派的差徭主要落在土地所有者身上，已初步具有摊丁入地的性质。一条鞭法不只减少了税目，简化了赋役征收方法，最重要的是使赋役性质有所变化。这种变化具体反映了两个过渡，一是现物税和现役制向货币税过渡，二是户丁税向土地税过渡。但除少数府州县外，绝大多数地区的人丁还须承担多寡不等的役银，清代实行摊丁入亩后，这一过渡才最终完成。

张居正推行了一条鞭法

在中国封建社会后期，一条鞭法的出现具有一定历史意义。首先，明代中叶后，由于官绅地主的剧烈兼并，各里之间的土地多寡日益悬殊，原以里甲为编审单位的徭役制使民户的负担越来越不平均，不少农民破产逃徙。改行一条鞭法后，役银编审单位由里甲扩大为州县，对里别之间民户负担畸轻畸重的现象有一定调节作用，暂时缓解了由赋役问题产生的阶级矛盾，有利于农业生产的发展。其次，明初为保证赋役征发而制定的粮长制和里甲制，对人户实行严格控制，严重限制了人民的行动自由。一条鞭法的实行，使长期以来因徭役制对农民所形成的人身奴役关系有所削弱，农民获得较多的自由。最后，相对明初赋役制而言，一条鞭法较能适应社会经济的发展，对商品生产的发展具有一定促进作用。赋役的货币化，使较多的农村产品投入市场，促使自然经济进一步瓦解，为商品经济的进一步发展创造了条件。

由于历史条件的限制，明代的一条鞭法并没有得到真正的贯彻落实。在已实行的地区，有的地方官府仍逼使农民从事各种徭役；有的额外加赋，条鞭之外更立小条鞭，火耗之外复加秤头；更严重的是借一条鞭法实行加赋，有的地区条鞭原额每亩税银五分，崇祯年间有的加至一钱以上。

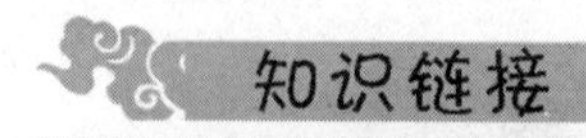

古代混果技术

混果是我国古代一种特殊的贮藏方法，它是利用混入别的果实或种子的办法来达到贮藏的目的。宋代文献上最早记载了这种贮藏方法。《归田录》记载：“（金桔）欲久留者，则于绿豆中藏之，可经时不变，云桔性热，而豆性凉，故能久也。”《物类相感志》上还记有用萝卜藏梨的方法：“藏梨子用萝蔔间之，勿令相着，经年不烂，或削梨蒂插萝蔔上，亦不得烂。”

混果贮藏中萝葡藏梨可以萝葡的水分，防止梨失水凋萎。绿豆藏金橘可以豆代沙，起到保温和减少芳香素挥发的作用。

押租制

押租制是在清代前期开始通行的、地主在出租土地时向农民索取地租抵押金的租佃制度。虽然押租现象在明代就已出现，但当时并没有成为民间通行的租佃制。清康熙、雍正年间（1662—1735 年），江苏、安徽、湖南、广东诸省相继出现押租记载。到乾隆、嘉庆年间（1736—1820 年），直隶（今河北）、盛京（今辽宁）、山西、内蒙古、河南、陕西、江苏、浙江、江西、安徽、湖南、四川、福建、广东、广西、云南、贵州等省份都有实行押租的记录。到清末民初，押租发展到全国 20 个省份。同时，押租在各种租佃形式中，所占佃户比重逐年增大。

押租制的发生、发展与商品经济的发展、地主对货币要求的增加、定额租的发展、地权集中、人口密度增长等都有一定的联系，但主要原因在于农民抗租斗争激烈，租佃间封建宗法关系松解，地主继续依靠超经济强制实现地租遇到严重困难，因而需要经济关系做保证，以便有效地将农民束缚于土地上，这是封建社会后期租佃关系的一个特点。

押租制基本内容是：(1) 凡以田出租，必先取押租银两，但其银无息；(2) 正租谷照常征收，但有押少租重、押重租轻的情况；(3) 起佃之日，押租钱照数退还佃户，但地主往往以佃户欠租为理由，侵吞押租银两；(4) 地主不退押租钱文，不能随便换佃；但湖南地区有“大写”“小写”之别，“大写”与各地做法相同，“小写”时押租较少，一般退佃时也不退押租钱文。

由于时间、地点、土质肥瘠、人口密度与土地集中程度不同，所以押租的数目也有很大差别。在一般情况下，正租越少，押租越重，反之，押租则轻。土地肥腴、人口密度大而土地又相对集中的地方押租较多，反之，押租较少。以后，随条件变化，加押变成增加地租剥削的一种手段。押租额往往超过正租额，少的超过1~2倍，高的5~6倍乃至7~8倍，个别的甚至超过数十倍。佃户交纳押租后，可以少纳正租，但这并不意味着地主对交纳押租的佃户减轻地租剥削；把押租金额的利息和所交纳正租谷计算在一起，地主仍然从这部分农民手里夺走总产量的一半以上。少地或无地农民若想得到一份土地耕种，则必须借债以交纳押租钱。押租制变相促进了高利贷的发展，越来越多的贫苦农民陷入了高利贷的深渊。

由于各地习惯用语不同，再加上各地使用的货币也有区别，所以押租的名目繁多，往往在一个省内，也有数种不同称谓。汇总起来有：押租钱、押租银、押佃钱、押佃银、顶手钱、顶手银、顶首银、顶耕钱、顶耕银、顶租钱、顶种钱、顶种银、顶批钱、顶批银、顶佃钱、顶佃银、顶价、佃礼钱、佃礼银、佃规银、佃价钱、佃价、佃头银、佃手钱、批头钱、批头银、批礼银、寄庄钱、寄庄银、进庄钱、进庄银、进庄礼银、上庄银、揽种钱、揽佃银、保佃银、保租银、稳租银、压佃银、田根银、起埂银、赎银、价银、粪质银（粪尾银）、随脚银、基脚费、脱肩银、典佃银、扯手钱、挂脚钱、写田礼银、承佃银、坠耕钱等。

预租制

预租制是清代地主在出租土地时预先向农民收取地租，而后才允许农民耕种的一种比较普遍的租佃制度。

预租分实物预租和货币预租，其中货币预租占主要地位。地主向农民收取预租，一般采用的办法有：（1）主佃关系建立后，地主向农民预收当年地租的一部分，这是从预租制发展初期沿用下来的方法。（2）主佃关系建立后，地主向农民预收当年全部地租。第二年以后，地主向农民预收地租时间不完全相同，或在当年秋收后即向农民收取来年全部地租；或在次年春耕前向农民预收该年全部地租。后者是预租中最为普遍、最为通常的做法。（3）主佃关系建立后，地主一次向农民预收数年地租。这种做法并不普遍，只有在地主急需用钱的情况下才会发生。

清代前期预租制已相当发展。到乾隆年间（1736—1795 年），因预租事发生诉讼案件所涉及的地区有：直隶（今河北）、山西、陕西、甘肃、江苏、浙江、湖北、四川、广东、盛京（今辽宁）等。乾隆嘉庆年间（1736—1820 年），收取预租的不仅有民田地主，还有旗地地主。在直隶地区，收取预租的旗地地主多于收取预租的民田地主。鸦片战争后，预租制在更大范围里推广。甚至到了民国时期，预租制还依旧存在并发展着。

预租制的广泛推行，是因为实物定额租的发展和商品经济日益繁荣，以及农民抗租斗争的激化和客佃的发展。在这种情况下，主佃间的封建依附关系和封建宗法关系日趋松懈，如果按以前的秋熟收租或夏秋两季收租的方法，地租的实现无法保证。预租制于是应运而生，并得以迅速推行，从而通过经济手段保证了地主阶级对地租的榨取。这是中国封建社会后期租佃制度的一个特点。

摊丁入亩制

摊丁入亩制是清政府将历代相沿的丁银并入田赋征收的一种赋税制度。摊丁入亩亦称“地丁合一”“丁随地起”，通称“地丁”，是中国封建社会后期赋役制度的一次重要的改革。

清朝建立初期，沿袭明朝混乱的赋役制度；加以明末、清初长期战乱，版籍无存，满洲贵族和部分汉族地主享有免役免税特权，官绅地主运用所掌握的权力，把赋税、徭役转嫁到无地或少地农民及其他劳动者身上，这就使得赋役难以征发的矛盾更为突出。农民和其他手工业者，忍受不了沉重赋役负担，或相继逃亡，或抗交赋役银。为了保证政府赋役收入，缓和日益尖锐的阶级矛盾，清政府于康熙五十一年（1712 年）规定：以康熙五十年（1711

年）的人丁数（24621324 人）作为以后征收丁银的标准，把 350 多万两丁银固定下来，以后滋生人丁永不加赋。这为摊丁入地创造了条件。

康熙五十五年（1716 年），广东地区率先实行了摊丁入亩制度。随后各省纷纷提请，要求将丁银摊入地亩征收。康熙末年，四川实行摊丁入地。雍正二年（1724 年），直隶（约今河北）开始通省均摊；同年，福建实行各州县摊征。雍正四年（1726 年），云南实行民田与屯田分别摊征，山东实行民田、灶田分别摊征，同时还有浙江、陕西摊丁入地。雍正五年（1727 年），河南、甘肃、江西实行摊丁入地。雍正六年（1728 年），江苏、安徽、广西实行各州县分别均摊。雍正七年（1729 年），湖南、湖北实行摊丁入地。雍正九年（1731 年），山西试行丁归地粮，直至光绪六年（1880 年）全省才完成摊丁入地工作。乾隆十二年（1747 年），台湾实行摊丁入亩。乾隆四十二年（1777 年），贵州亦完成摊丁入亩。道光二十一年（1841 年），盛京（今辽宁沈阳）把无业穷丁丁银摊入地亩；有产之家，仍不在其内。光绪八年（1882 年），吉林实行摊丁入地。至此，全国绝大多数省、府都实行了摊丁入地的赋役制度。

康熙年间实行了摊丁入亩制度

摊丁入亩在各省的具体实施方法不尽相同，有的摊丁于地赋银，有的摊丁于地粮，有的则摊丁于地亩；或全省均摊，或各府州县分摊；有的民田与灶地、屯田分别摊征，有的通省地粮内均匀带征；个别者只将无业穷丁摊丁入地，有产之家仍不在其内。各省的科则每两地赋银（或田赋银，或粮一石、地一亩）所摊丁银由一厘有奇至二三钱不等。以后，各项差役、加征苛派亦陆续归入田赋，完成了赋役制度的改革。

由于摊丁入地是将丁银摊入田赋、地亩征收，所以无地的农民和其他劳动者摆脱了千百年来的丁役负担；地主的赋税负担有所加重，也在一定程度上限制或缓和了土地兼并；而少地农民的负担则相对减轻。同时，政府也放松了对户籍制度的控制，以靠出卖劳动力为生的农民和手工业者都可以自由迁徙。这些有利于调动广大农民和其他劳动者的生产积极性，促进社会生产的发展。

第四章

规模宏大的古代农田水利工程

我国实施农田水利建设的历史源远流长，从夏禹治水算起，至今已有 4000 年了。4000 年来，我国农田水利建设的发展，大致和我国政治、经济的发展趋势相一致。由于我国的地势复杂，各地所要解决的水利问题有所不同，因而在我国的农田水利建设中，出现了多种多样的农田水利工程。

第一节
古代的农田水利工程

水利是农业的命脉，几千年来，丰富的水利资源滋养了中国农业。同时，历史上频繁的旱涝灾害，也对农业生产造成了严重威胁。因此中国的农业发展史，也就是发展农田水利、克服旱涝灾害的斗争史。

由于我国的地势复杂，各地所要解决的水利问题有所不同，因此我国的水利工程可称得上是种类繁多，大致可以分为渠系工程、陂塘工程、陂渠串联工程、御咸蓄淡工程、塘泊工程、圩田工程、海塘工程、坎儿井工程等几种。

渠系工程

渠系工程主要应用于平原地区，水利多以蓄、灌为主。早在战国时期，这种工程已经出现，以后一直沿用，它是我国农田水利建设中运用最普遍的一种工程。最著名的渠系工程，有以下几项。

1. 关中的郑国渠和白渠

郑国渠兴建于秦王政元年（前 246 年），原是韩国的一个“疲秦”之计。韩国派当时著名的水工郑国到秦国去帮助修渠，企图以此消耗秦国的大量人力、物力，使其无力东顾，以保关东六国的统治地位。后来“疲秦”之计为秦发觉，秦欲杀郑国。郑国进言道，修渠只能“为韩延数岁之命，而为秦建万世之功”，秦认为言之有理，命其继续施工。修成后，因郑国主持施工，故名之为郑国渠。郑国渠西引泾水，东注洛水，干渠全长约 150 公里，灌溉面

积扩大到4万余顷。由于郑国渠引用的泾水挟带有大量淤泥，用它进行灌溉又可起到淤灌压碱和培肥土壤的作用，使这一带的“泽卤之地”又得到了改良，关中因而成为沃野。后来“秦以富强，卒并诸侯”，郑国渠可谓是为秦统一六国奠定了经济基础。

郑国渠

西汉时，关中的渠系建设进一步发展，汉武帝太始二年（前95年），又在泾水上修白渠，因此渠为赵中大夫白公建议修成，故称白渠。白渠位于郑国渠之南，走向与郑国渠大体平行。西引泾水，东注渭水，全长约100公里，灌溉面积4500多顷。此后人们将它与郑国渠合称为郑白渠，当时有歌谣曰：“田于何处，池阳谷口，郑国在前，白渠起后，举锸为云，决渠为雨，泾水一石，其泥数斗，且粪且溉，长我禾黍，衣食京师，亿万之口。”由此可见，郑白渠的修建，对关中平原的农业生产和经济的发展起了重要作用。

除此之外，在关中平原上还修建了辅助郑国渠灌溉的六辅渠，引渭水及其支流进行灌溉的成国渠、蒙茏渠、灵轵渠等灌渠。其中引洛水灌溉的龙首渠，在施工方法上又有重大的创新。龙首渠在施工中要经过商颜山，由于山高土松，挖明渠要深达40多丈，很容易发生塌方，因此改明渠为暗渠。先在地面打竖井，到一定深度后，再在地下挖渠道，相隔一定距离凿一眼井，使井下渠道相通。这样既防止了塌方，又增加了工作面，加快了进度。这是我国水工技术上的一个重大创造，后来这一方法传入新疆，便发展成了当地的独特灌溉形式——坎儿井。

2. 临漳的漳水十二渠

漳水十二渠简称“漳水渠”，亦称“西门渠”，位于战国时魏国的邺地，即今河北临漳县一带。邺地处于漳水由山区进入平原的地带，漳水经常在这个地方泛滥成灾。当地的恶势力，借此大搞“河伯娶妇”的骗局，残害人民，骗取钱财。公元前445年至公元前396年期间，魏文侯派西门豹到邺地任地方官。西门豹到任后，一举揭穿了“河伯娶妇”的骗局，狠狠地打击了地方恶势力，并领导群众治理洪水，修建了漳水十二渠。

漳水十二渠是一项多道制引水工程，它在漳水中设12道潜坝，12个渠口，12条渠道，渠口设有进水闸，这是根据漳水含泥沙量大，渠口易淤的特点设计的。漳水十二渠修成后，不仅使当地免除了水害之灾，使土地得到了灌溉，而且利用了漳水中的淤泥，改良了两岸的大量盐碱地，促进了农业生产的发展。自从修建了漳水十二渠以后，直到隋唐时期，这一带一直是我国重要的政治经济地区。

3. 四川都江堰

都江堰，古称“湔堋”“湔堰”“金堤”“都安大堰”，到宋代才称“都江堰”。都江堰位于岷江中游灌县境内，在这个地方岷江从上游高山峡谷进入平原，流速减慢，携带的大量沙石，随即沉积下来，淤塞河道，时常泛滥成灾。

秦昭王（前306—前251年）后期，派李冰为蜀守，李冰是我国古代著名的水利专家。李冰到任后，主持修建了留名千古的都江堰水利工程。都江堰水利工程主要由分水鱼嘴、宝瓶口和飞沙堰组成，分水鱼嘴是在岷江中修筑的分水堰，把岷江一分为二。外江为岷江主流，内江供灌渠用水。宝瓶口是控制内江流量的咽喉，其左为玉垒山，右为离堆，此处岩石坚硬，开凿困难。为了开凿宝瓶口，当时人们采用火烧岩石，再泼冷水或醋，使岩石在热胀冷缩中破裂的办法，将它开挖出来的。飞沙堰修在鱼嘴和宝瓶口之间，其主要作用是溢洪和排沙卵石。洪水时，内江过量的水从堰顶溢入外江。同时把挟带的大量河卵石排到外江，减少了灌溉渠道的淤积。由于都江堰位于扇形的成都冲积平原的最高点，所以自流灌溉的面积很大，取得了溉田万顷的效果。成都平原从此变成了“水旱从人，不知饥馑”的“天府之国”。都江堰不仅设计合理，而且有一套“深淘滩、低作堰”的管理养护办法。在技术上还发明了竹笼法、杩槎法，在截流上具有就地取材

都江堰

灵活机动易于维修的优点。至今，这项水利工程仍在发挥其良好的作用。它充分体现了我国古代劳动人民的聪明才智。

4. 北京戾陵堰

三国时，曹魏嘉平二年（250 年），刘靖镇守蓟城（今北京），他利用湿水（今永定河）修建了戾陵堰，并凿车厢渠，引水入蓟城过昌平，东流到潞县（今通县），浇地1 万多顷。刘靖修戾陵堰时，曾登梁山（今石景山）察看地形，堰址可能就在湿水过梁山处。北京戾陵堰是历史上开发永定河最早的大型引水工程。

5. 宁夏艾山渠

艾山渠是北魏刁雍主持兴建的一项水利工程，位于宁夏青铜峡以下的黄河西岸。

宁夏灵武一带，旧有灌溉工程设施，后因黄河河床下切，渠口难于引水而废，但仍保存有灌溉渠道。原渠口北河床中有一沙洲，将河分为东西两道。北魏太平真君五年刁雍为薄骨律镇（今宁夏灵武县西南）将，他利用了这一有利地形，主持兴建了艾山渠。宁夏艾山渠的工程布置是先在西河上筑壅水坝，坝体自东南斜向西北，与河流西岸成锐角，然后在壅水坝西面河岸上开渠口。宽 15 步，深5 尺，引入水渠；两岸筑堤高一丈，北行 40 里，与旧渠合，总长 120 里。渠成，“小河之水尽入新渠水则充足，溉官私田四万余顷”。艾山渠是历史上一项有名的引黄灌溉工程。

6. 河套引黄灌溉

河套是指内蒙古自治区和宁夏回族自治区境内，贺兰山以东，狼山和大青山以南，黄河沿岸地区，因黄河由此流成一大弯曲，故而得名。河套引黄灌溉的历史很早，据《汉书·沟洫志》记载：武帝时“朔方、西河、河西、酒泉皆引河及川谷以溉田”，文中的朔方就是今天的内蒙河套一带，河西是指宁夏及河西走廊等地。引河，指引黄河水以溉田，可见河套地区的引黄灌溉在西汉时期已经开始了。然而无论是内蒙河套灌区还是宁夏河套灌区，都是在清代时期开始大规模的引黄灌溉的。

7. 内蒙古灌区

北魏时期，黄河在内蒙古地区分为南北两支，北支大致沿今乌加河的流路，南支大体和今日黄河一致，这个基本形势到道光年间发生了变化，北支受西面乌兰布和沙漠的侵袭，逐渐堙废，成为今日内蒙古河套灌区的总排水干渠。南支则逐步变为今日的黄河。内蒙古灌区的地形呈西南高而东北低的态势，北支堙废和南支的扩大，为这一地区引黄灌溉创造了条件。根据清政府的政策，内蒙古河套一带划归蒙古部落游牧，是禁止汉人垦种的。后来随着汉蒙民族关系的日渐融洽，来到河套逃荒耕垦的山西、陕西一带贫苦农民日渐增多。道光八年（1828 年）废除了禁止汉人进入河套的禁令后，来内蒙古开荒的人日益增多，从而加速了内蒙古的开发。开发的主要形式，就是修渠引黄灌溉，到清朝末年，内蒙古已修了大量的渠道，大型的渠道有 8 条，当时称为八大渠。八大渠的分布，从黄河上游起，依次是永济渠，刚日渠、丰济渠、沙河渠、义和渠、通济渠、长胜渠、塔布渠。自西南而东北，灌溉今杭锦后旗、达拉特旗、乌拉特前旗农田 5000 余顷。这些渠道中，由王同春一人独资开挖的有义和、丰济、沙河三大渠，由他集资合挖的有刚济渠、新皂火渠二条，参与指导开挖的有永济渠、通济渠、长济渠、塔布渠、杨家河五条。因此，他被人们视为内蒙古河套的“开渠大王”。到了清朝末期，内蒙古河套引黄灌溉的面积达到 10000 多顷。出现了沟渠密布，阡陌相望的生动景象，从而奠定了今日河套水利灌溉的基础。

8. 宁夏灌区

在清代时期，宁夏灌区的引黄灌溉工程也有了很大发展。清康熙四十年（1701 年），在黄河西岸贺兰山东麓修大清渠，全长 75 里，灌田 1213 顷。雍正四年（1726 年）又修惠农渠和昌润渠，惠农渠灌田 20000 余顷，昌润渠溉田 1000 余顷。这些渠与原有的唐徕渠和汉延渠一起，合称为“河西五大渠”，使宁夏灌区的水利有了空前的发展。

清代宁夏灌区的引黄灌溉工程，不仅规模大，浇地多，而且在渠系布置、水工建筑物的修建方面，也有独到之处。据《调查河套报告书》称，这里的五大渠渠口与黄河成斜交，以利引水。渠口旁各做迎水湃（坝）一道。“长三

五十丈或四百丈不等。以乱石桩柴为之逼水入渠”。距渠口 10～20 里，建正闸一座，旁设“水表”以测水位的高低。正闸以上各建减水闸 2～4 座不等。根据水表的尺度，水小时，关闭减水闸，使渠水全入正闸。大水时，把减水闸打开，让水泄入黄河。干渠两旁的支渠，长的有 100 多里，短的有数里或数十里，各建小闸，名陡门（即斗门），作为直接灌田之用。惠农渠道交叉处，还修了暗洞，以利交流。为了引汉延渠之水，灌惠农渠东岸的高地，采用了“刳木凿石以为槽”（即渡槽），以飞渡渠水东流。又在渠底设暗洞，排洼地积水入黄河，这样不仅解决了灌区农田的灌溉问题，还解决了低洼地区的排涝问题。

在护养和维修方面，宁夏灌区也有精心的设计。为了防止黄河洪水为害，惠农渠在渠东“循大河涯筑长堤 322 里，以障黄流泛溢”，同时在渠旁植垂柳十余万株，“其盘根可以固湃岸，其取材亦可以供岁修”。为了不使泥沙淤塞渠道，在各段渠底都埋有底石，上刻“准底”二字。每年春季在渠道清淤时，一定要清除到底石为止。放水时，规定将上段各陡口闭塞，先灌下游，后灌上游。周而复始，从而保证了农田的用水需要。

汉代以后，黄河下游河患日甚，给下游人民带来了巨大的灾难。而河套地区却很少受害，反深得灌溉之利成为塞北的粮仓，因而在历史上有“黄河百害，唯富一套”“天下黄河富宁夏”之说。

知识链接

治理黄河的汉朝皇帝

东汉光武帝和明帝时，曾进行过两次大规模的治理黄河工程。汉武帝亲临治河工地，命随从的文官武将都去背柴，堵塞缺口。东汉明帝时，命水利专家王景负责治理黄河。经过这次治理，黄河在以后的 800 多年中都没有改道，黄河下游几十个县被淹的土地，变成了良田。

陂塘蓄水

陂塘蓄水工程一般都在丘陵山区，以蓄水灌溉为主要目的，同时也起着分洪防洪的作用。历史上著名的陂塘蓄水工程有以下几项。

1. 安徽寿县的芍陂

芍陂建于公元前6世纪春秋时期，位于安徽寿春县（今寿县）南，是我国最早最大的一项陂塘蓄水工程。此工程是楚国令尹（相国）孙叔敖在楚庄王十六年（前598年）前不久所建。芍陂是利用这一地区东、南、西三面高，北面低的地势，以池水（今淠河）与肥水（今东肥河）为水源，形成了一座人工蓄水库，库有5个水门，以便蓄积和灌溉。全陂周围60公里，到了晋时仍灌溉良田万余顷，它在当时对灌溉防洪航运等都起到了重要作用。现在安徽的安丰塘，就是芍陂淤缩后的遗迹。

2. 绍兴鉴湖

鉴湖又称镜湖，位于浙江绍兴县境内。绍兴的地势，从东南到西北为会稽山所围绕，北部是广阔的冲积平原，再北就是杭州湾，是一种“山—原—海”的台阶式地形。在鉴湖未建成以前，绍兴的北面常受钱塘大潮倒灌，南面也因山水排泄不畅而潴成无数湖泊。一旦山水盛发或潮汐大涨，这里就会发生严重的洪涝灾害。东汉永和五年（140年），马臻为会稽太守，为了解决这个问题，他根据当地的地形，主持修筑了鉴湖。其措施是在分散的湖泊下沿，修一条长155公里的长堤，将众多的山水拦蓄起来，形成一个蓄水湖泊，即鉴湖。这样一来，洪水就无法对这一带构成威胁了。由于鉴湖高于农田，而农田又高于海面，这就为灌溉和排水提供了有利的条件。农田需水时，就泄湖灌田，雨水多时，就

鉴湖

关闭堤上水门，将农田的水排入海中。鉴湖的建成，为这一地区解除积涝和海水倒灌为患创造了条件，并使9000余顷农田得到了灌溉的保证。鉴湖因此成了长江以南最古老的一个陂塘蓄水灌溉工程。

御咸蓄淡工程

御咸蓄淡工程是东南沿海地区用闸坝建筑物抵御海潮入侵，蓄引内河淡水灌溉的一种特殊工程形式。唐代鄮县它山堰和宋代莆田木兰陂都是其典型工程。

1. 鄮县它山堰

它山堰位于今浙江宁波西南25余公里鄞江桥镇的西南，是唐大和七年（833年）鄮县（今宁波）县令王元祎主持修建的一项灌溉工程。

在它山堰未建以前，鄞江上游诸溪来水尽入甬江之中，民不得用，而海潮又通过甬江上溯，又使民不堪饮，禾不堪灌，严重影响人民生活和农业生产。它山堰工程使用了都江堰的施工经验来解决这个问题：在河上作堤，把上游的来水分别纳入大溪和鄞江中，平时七分入大溪，三分入鄞江，涝时七分入鄞江，三分入大溪。大溪的水，引入宁波，蓄潴在日、月两湖之中，一方面供居民饮用，另一方面又可修渠灌溉附近7乡农田。为了保持水库和渠道有一定的水量，又在大溪上修了三座堨（节制闸），以调节水量，这样涝时可将多余的水排入甬江；旱时可利用潮汐的顶托，纳淡水入湖。它山堰不但发挥了灌溉作用，同时又防止了海潮袭击和咸水内侵，解决了城市的用水问题。这是唐代的水利建设中取得的一项重大成果。

2. 莆田木兰陂

木兰陂兴建始于北宋治平元年（1064年）中，经两次失败，至元丰元年（1085年）才告建成。木兰陂是宋代少有的一座引、蓄、灌、排综合利用的大型农田水利工程。

木兰陂位于今福建莆田县西南的木兰溪。建陂以前，兴化湾海潮逆木兰溪而上，溪南岸围垦的农田，仅靠6个水塘储水灌溉，易涝易旱，灾害频繁，木兰陂建成后，“下御海潮，上截永春、德化、仙游三县游水，灌田万顷”，取得了“变斥卤为上腴，更旱噗为膏泽”的良好作用。至元代，在木兰陂旁，又建万金斗门，引水通往北洋，与延寿溪衔接，又扩大引灌溉约 60000 亩。经过 900 多年的考验，木兰陂至今仍在发挥它灌溉的作用。

陂渠串联工程

陂渠串联，也叫长藤结瓜，它是流行于淮河流域的一种水利工程。这种工程，就是利用渠道将大大小小的陂塘串联起来，把分散的陂塘水源集中起来统一使用，藉以提高灌溉的效率。我国最早的陂渠串防工程是战国末年湖北襄阳地区建成的白起渠。

1. 六门（六门陂）

六门堨是汉元帝时南阳太守召信臣所建的一项水利工程，位于穰县（今邓县）之西，建成于建昭五年（前 34 年）。该工程壅遏湍水，上设三水门，至元始五年（5 年）又扩建三石门，合为六门，故称为六门堨。六门堨的上游有楚堨，下游有安众港、邓氏陂等。据《水经注·湍水注》载，六门堨“下结二十九陂，诸陂散流，咸入朝水”。六门堨是一个典型的长藤结瓜形的水利工程。该工程“溉穰、新野（今新野）、昆阳（邓县东北）三县五千余顷”，是当时一个具有相当规模的大灌区。

2. 马仁陂

马仁陂位于现在的泌阳县西北的 35 公里处。据《南阳府志》说，该陂亦为召信臣所建，“上有九十二岔水，悉注陂中，周围五十里，四面山围如壁，惟西南隅颇下，泄水”。召信臣在修建此陂时，先筑坝，又立水门，分流 24 堰，溉田 10000 余顷。马仁陂是拦蓄众多的沟谷水汇聚而成的，可以说是我国最早的山谷人工水库，它在我国水土保持的历史上具有重大的意义。

圩田工程

圩田既是一种土地利用方式，也是一种水利工程的形式，主要是在低洼地区建造堤岸，阻拦外水、排除内涝，修建良田。这种水利工程在不同的地

方有不同的称谓，在太湖地区称为圩田，在洞庭湖地区称为堤垸，在珠江三角洲称为堤围，也称基围。

1. 太湖圩田

太湖圩田早在春秋战国就已经出现，在五代的吴越时期达到鼎盛。吴越是五代时期偏安于江南的一个封建小国，其统治地区主要是在今太湖平原。吴越王钱镠为了巩固其统治，对于太湖地区的农田水利进行了大力的修建、改造，经过80多年的努力，终于使太湖地区变成了一个低田不怕涝、高田不怕旱、旱涝保丰收的富饶地区，这充分反映了吴越时期太湖地区的水利建设所取得的重大成就。

太湖地区是一个四周高、中部低的碟形洼地。中部的阳澄湖、淀泖湖等地，处于全地区的最低处，必须筑堤围才能耕种。沿江、沿海的地区，又是全区的高田地带，不进行修渠灌溉难于获得丰收。针对这一特点，吴越在治理太湖水利上，采取的措施有：（1）开浚出海干河，建立排灌系统，以三江为纲，提絜横塘纵浦的河网。所谓三江，是指吴淞江、娄江和小官浦，这是太湖地区三条出海的干河。在三江之间，布置了秩序井然的河网，“或五里七里而为一纵浦，又七里十里而为横塘”，使其流通于高田和低田之间，这样就保证了在干旱时有足够的灌溉用水；在受涝时，又可充分发挥排水作用。（2）普遍设置堰闸，随时调节水位，这样既可以控制旱涝，同时又能防止海潮的侵袭。（3）兴建海塘防御工程，保证内陆水系安全。（4）创设撩浅军，建立分区负责的养护制度，其职责有疏浚塘浦、清泥肥田、修堤、种树、养护航路等。这是一支因地制宜、治水治田相结合的专业队伍。（5）制定法令，严禁破坏水利。这是一个治水与治田结合，治涝与治旱并举，兴建与管理兼重的水利规划。在这个水利规划的基础上，太湖地区的农田水利，基本上达到了湖网有纲、港浦有闸、水系完整、堤岸高厚、塘浦深阔，形成了塘浦位位相承、圩田方方成列的圩田体系，从而有效地抗御了旱涝灾害。据记载，在吴越经营太湖水利的86年中，只发生了4次水灾，平均21年半一次，旱灾只有一次，这是太湖地区历史上水旱灾害最少的一个时期。太湖地区在圩田工程建设上所取得的成就从中可见一斑。但太湖地区这一水利建设的成就到宋代以后，由于滥围滥垦，遭到了严重的破坏。

2. 洞庭湖堤垸

宋代时期，洞庭湖堤垸开始出现，当地“或名堤、名围、名障、名垞、名坪各因其土名……其实皆堤垸也”。它是在江湖的浅水处筑堤挡水，内垦为田，并通过堤上涵闸引水和排涝，和太湖圩田建造方法大体相同。明清时期洞庭湖围垦加速，明代中叶，这一地区已成为我国的一个新粮仓，被称作为“湖广熟，天下足”。到清代，洞庭湖的堤垸更加恶性膨胀。据调查，“湖南滨湖十州县，共官围百五十五，民围二百九十八”，从而加剧了这一地区的洪涝灾害，据近人统计，明代以前湖区水灾每 83 年发生一次，明代后期至清末平均 20 年一次，到 20 世纪 40 年代平均每年一次。因此，洞庭湖堤垸与其说是一种水利工程，不如说是一种与水争地的设施。清代中叶以后，也曾提出了洞庭湖的治理问题，并提出了“废田还湖”“塞口还江”等主张。但因要废弃大片良田，又要影响长江洪水调节和江汉平原的安全，还要触及各方面的经济利益，因而都难以实行。洞庭湖堤垸的兴建是有利也有弊的，后来由于盲目围垦，洞庭湖日渐缩小，堤垸内水系混乱，从而造成了严重的洪涝灾害，形成了“从前民夺湖为田，近则湖夺民以为鱼”的严重局面。

3. 珠江三角洲的堤围

珠江三角洲堤围主要分布在珠江三角洲和韩江三角洲的滨海滨江地区。堤围工程的方式和太湖圩田、洞庭湖堤垸类似，也是一种筑堤围田的工程。宋代时期，珠江三角洲的堤围开始出现。据统计，宋代珠江三角洲所建的堤围有 28 处，总堤长 6.6 万余丈，围内农田面积为 2.4 万余顷。明清时期迅速发展，堤围大大增加，明代筑堤 180 多处，清代扩大到 270 处，围垦区发展到东江和滨海地区。清中叶以后，今顺德、新会、中山等县的滩地迅速得到开发。为了促进滩涂淤涨，当时还采用修筑顶坝、种植芦苇等工程和生物措施以促使海滩淤涨，围垦区不断扩大。到清末，据光绪《广州府志》记载，三水县已有堤围 35 处，南海有 76 处，顺德多至 91 处。在珠江三角洲中，以地跨南海、顺德二县的桑园围历史最早，建于北宋大观年间。至清乾隆时，已发展成为有名的大堤围之一，仅涵闸就有 16 座。

淀泊工程

淀泊工程是宋代出现于华北平原的一种水利工程。淀泊工程的出现和当时的政治军事形势有着密切的关系。

北宋时，从白沟上游的拒马河，向东至今雄县、霸州、信安镇一线，是宋辽的分界线。北宋政府为了防御辽国骑兵的南下，决定利用分界线以南的凹陷洼地（今白洋淀、文安洼凹地）蓄水种稻，以达到“实边廪”和“限戎马”的目的。河北海河流域的淀泊为适应这种军事上的需要而得到了开发。

宋太宗端拱元年（988 年），雄州地方官何承矩上书，建议“于顺安西开易河蒲口，导水东注于海……资其陂泽，筑堤贮水为屯田”以“遏敌骑之奔轶”，同时在这一地区“播为稻田”，“收地利以实边”。这样便可形成一条东西长 150 多公里，南北宽 25 ~35 公里的防御工事，阻拦辽国骑兵南下。沧州临津令黄懋也认为屯田种稻，其利甚大。因此，也上书说：“今河北州军多陂塘，引水溉田，有功易就，三五年间，公私必大获其利。”宋太宗采纳了这一建议，任何承矩为制置河北沿边屯田使，调拨各州镇兵 18000 人，在雄州（今雄县）、莫州（今任丘）、霸州（今霸州市）、平戎军（文安县西北新镇）、顺安军（今高阳县东旧城）等地兴修堤堰 600 里，设水门进行调节，引水种稻。到熙宁年间，界河南岸洼地接纳的河水有滹沱、漳、淇、易白（沟）和黄河等，形成了由 30 处大小淀泊组成的淀泊带，西起保州（今保定市），东到沧州泥沽海口，400 余公里。这是河北海河地区农田水利一次大开发，也是河北海河地区种植水稻的一次高潮。直到北宋后期，淀泊工程才日渐堙废。

海塘工程

海塘是一种抵御海潮侵袭，保护沿海农田和人民生命安全的一种水利工程。海塘工程主要分布于江浙两省的沿海地区，范公堤和江浙海塘是其代表。

1. 范公堤

范公堤系北宋范仲淹于乾兴四年（1025 年）在苏北沿海主持修建的一条捍海大堤，起自江苏阜宁抵启东、吕四，长 291 公里。大堤建成后，大量农

范公堤遗址

田免除了海潮侵袭，百姓为了纪念范仲淹，就将此堤称为范公堤。

《范文正公集·年谱》说："（乾兴）四年丙寅，年三十八……通、泰、海州皆滨海，旧日潮水至城下，田土斥卤不可稼穑，文正公监西溪盐仓，建白于朝，请筑捍海堤于三州之境。长数百里以卫民田，朝廷从之，以公为兴化令，掌斯役，发通、泰、楚、海四州民夫治之。既成，民享其利。"《宋史·河渠七》上，称它是"三旬毕工，遂使海濒沮如，斥卤之地化为良田，民得奠居，至今赖之"。

其实早在唐代时期，这一带就已经建有捍海堰。《宋史·河渠七》说："通州、楚州沿海，旧有捍海堰，东距大海，北接盐城，袤一百四十二里，始自唐黜陟使李承实所建，遮护农田，屏蔽盐灶，其功甚大。"大约因年久失修，至宋时已经坍坏。范公堤应该就是在捍海堰的基础上重新修建的。但这也说明，苏北的捍海大堤在唐代已经有了。当然这也不能抹杀范仲淹在重修苏北捍海大堤中的功绩。

到了明清时代，范公堤的堤外已经陆续涨出平陆 100 多里，但此堤仍有束内水不致伤盐，隔外潮不致伤稼的功用。

2. 江浙海塘

江浙海塘，北起常熟，南至杭州，全长 400 多公里，其中又分江苏海塘和浙江海塘两大部分。江苏海塘，又称"江南海塘"，大部分临江，小部分临海，所经之地有常熟、太仓、宝山、川沙、南汇、奉贤、松江、金山等县，长 250 公里，浙江海塘又称浙西海塘，经平湖、海盐、海宁至杭州钱塘江口，长约 150 公里。

江浙海塘修建的历史很早，汉代杭州已修建有钱塘江海塘，只是一种简单的土石塘；唐代在盐官又重筑捍海塘，长 62 公里；五代时吴越王钱镠又在钱塘江口筑石塘。

江浙沿海是明清时期全国农业生产最发达的地方，全国田赋收入，相当大的部分都来自这个地区。保障江浙沿海的安全，不仅直接关系到千百万人民的生命财产，同时也影响到封建王朝的田赋收入。因此，这一时期修筑江浙海塘，就成为朝野共同关心的大事，从而促进了海塘建设的发展。其主要的表现就是将土塘改成石塘，提高海塘抗御海潮的能力。

在浙江海塘方面，海盐、平湖地段，明代修筑了 21 次，至明末已基本改成石塘，海宁地段由于有强潮侵袭，土质又是粉沙土，加上当时尚未解决在浮土上修建石塘的技术问题，只是在部分地区修建了石塘。直到清代的康熙、乾隆时期，才发明了“鱼鳞塘”的修塘方法来解决这个问题。所谓鱼鳞塘法，就是在每块大石料的上下左右都凿有斗笋，使互相嵌合，彼此牵制，并在合缝处用渍灰灌实，再用铁笋、铁锁嵌扣起来，使其坚固不易冲坏。由于在浮土上修建石塘的技术问题得到了解决，使海宁的海塘建成了鱼鳞石塘，这一带的农田因而也获得了有效的保障。

江苏海塘，松江、宝山、太仓等地海塘，在明清时期的重修共有 30 次之多。崇祯七年（1634 年）在松江华亭建了江苏最早的石塘。此次华亭海塘不断修筑加固，太仓、宝山的海塘也在清末增修。和浙江海塘相比，江苏海塘一般都是比较矮小的土塘，即使是石塘，也比较单薄。在技术方面，江苏海塘从“保塘必先保滩”出发，特别重视护岸工程在消能、防冲、保滩促淤等方面的作用，以加强塘堤本身，这是一种积极的护岸思想，这种措施对节省筑塘经费有着重要的意义。

坎儿井工程

坎儿井是新疆地区利用地下水进行灌溉的一种特殊形式。新疆地区雨量少，气温高，水分极易蒸发；沙碛多，地面流水又极易渗漏。针对新疆地区这种特殊的自然特点，创造出了坎儿井工程。

坎儿井又称卡井。《清史列传·全庆传》：“吐鲁番境内地亩多系挖井取泉，以资灌溉，名曰卡井。每隔丈余掏挖一口，连环导引，水由井内通流，其利正溥，其法颇奇，洵为关内外所仅见。”据记载，坎儿井在汉代已经在新疆出现，只是当时没有坎儿井其名而已。《汉书·西域传下》载：“宣帝时，汉遣破羌将军辛武贤将兵万五千人至敦煌，遣使者按行表，穿卑辊侯井以西，

欲通渠转谷，积居庐仓以讨之。”三国人孟康注“卑鞮侯井”说：“大井六，通渠也，下流涌出，在白龙堆东土山下。”由此可以看出，这有六个竖井，井下通渠引水的工程，显然就是我们今天所说的坎儿井。

坎儿井是以渗漏入砾石层中的雪水为水源，包括暗渠、明渠和竖井3个部分。暗渠的作用是把水源引流到明渠，即灌渠中。开挖暗渠前每隔3~4丈挖一竖井，一是为了解地下水位，确定暗渠位置；二是便于开挖和维修暗渠时取土和通气。这样既可利用深层潜水，又可减少水分蒸发，避免风沙埋没，正好适应了新疆地区的自然特点。

新疆坎儿井的大发展是在清代，据《新疆图志》记载，十七八世纪时，北疆的巴里坤、济木萨、乌鲁木齐、玛纳斯、景化乌苏，南疆的哈密、鄯善、吐鲁番、于阗、和田、莎车、疏附、英吉沙尔、皮山等地，都有坎儿井。最长的哈拉马斯曼渠，长75公里，能灌田16900多亩。清末，仅吐鲁番一地就有坎儿井185处。坎儿井在新疆农业生产的发展中起到了至关重要的作用。道光二十四年（1844年），林则徐赴新疆兴办水利，他在吐鲁番见到坎儿井后，说：“此处田土膏腴，岁产木棉无算，皆卡井水利为之也。”

知识链接

农业金属音乐

极端金属的一种，起源于乡间地头，发展于田野溪边，处于急速兴盛阶段。此类音乐力求在极端音乐的前卫中体现田园气息的平淡，平淡中渗透出金属质地的不凡。

农业金属按其性质细分为：原始农业金属、古代农业金属、近代农业金属和现代农业金属。

农业金属按其歌颂对象又分为：种植业金属、林业金属、畜牧业金属、水产业（渔业）金属以及极具先锋理念的转基因金属等。

畜牧业金属，配乐组成上有点近似于歌特金属。节奏吉他、贝司、鼓作为铺垫，产生雄壮有力的效果。歌特音乐里，常常用小提琴演奏北欧妖艳的小调，而畜牧业金属则以新疆的冬不拉和内蒙古的马头琴演奏中国西北民族旋律的段子作为高音旋律。主唱当然不用美声，而是根据地域的不同改用京津腔、苏沪腔或是闽南腔等。

第二节 古代治黄工程

黄河中下游地区辽阔坦荡，属冲积平原，土地肥沃，属温带大陆性季风气候。它是中国古文明的摇篮，史前的西侯度文化、“蓝田人”文化、“丁村人”文化、仰韶文化、龙山文化，历史时期的夏商周文明、秦汉文明、隋唐宋文明等，都在这里或以这里为中心发展起来。但是，黄河下游的河道又以“善淤、善决、善迁”著称于世，所以黄河的治理始终是中华民族历史上的大事之一。

远古治黄传说

在古代，“河”是黄河的专称。我国史前，有许多有关治水的传说，如共工治水，鲧、禹治水等，这些治水的传说主要是关于黄河下游的治理。

大禹治水图

共工氏既是人名，又是氏族部落名。相传共工氏是神农氏的后裔，在共地（今河南辉县境）从事农业生产。黄河东出孟津后，流到共地折向东北，注入河北南部的大陆泽，然后再分成多股，汇入渤海。由于共地位于黄河拐弯处，除黄河外，附近还有共水、淇水等，所以水灾频发，严重阻碍农业生产，治水成为当务之急。《国语·周语》说，共工氏治水的方法是，“壅防百川，堕高堙庳”，即在许多河流上修建堤防，用高处的土将低处垫高。古人认为，共工氏在治水和治土两方面都很出色。据说，后来被祀奉为土地神的句龙，就是共工之子；协助大禹治平洪水的四岳，也是共工的后人。

鲧和禹传说中是继共工之后与洪水做斗争的代表人物。远在距今约5000年的炎帝、黄帝时代，散布在黄河流域的许多部落，已经结成联盟。这便是后人所称的“炎黄部落联盟”。结盟后，大大增强了同大自然斗争的能力。几百年后，当尧、舜相继担任这个联盟的首领时，黄河中下游洪水泛滥，“怀山襄陵，浩浩滔天，下民其咨”（《尚书·尧典》）。这次洪水，淹没了平地，包围了山陵，百姓叫苦不迭。于是，尧命令居于崇（河南嵩山）的部落首领鲧负责治水。崇离黄河不远，鲧部落也很熟悉水性。但是，鲧的治水方法比较片面，只用修堤筑围办法堵水，没有更多地采用疏导手段，所以尽管他治水也很努力，但毕竟洪水太猛，堤围溃决，以失败告终。

接着，由鲧的儿子禹领导治水工作。禹的治水事迹，古籍中留下许多传说，归纳起来，有这样一些主要内容。一是他联合各方面的人与自己一起治水。据载，与禹一起治水的有以益为首的东方部落，后来的商族就是由这个部落发展起来的。还有以稷为首的西方部落，他们是后来周族的祖先。此外，又有对治水经验十分丰富的共工氏后裔四岳。后人认为联合各部落一起治水，是禹取得成效的主要原因。二是禹本人的身体力行和以身作则。《韩非子·五蠹》说，禹“身执耒，以为民先，股无跋，胫不生已”。就是说他身先士卒，投入艰苦的劳动，腿上的汗毛都被磨掉了。还记载说，他公而忘私，在治水

的过程中，三过家门而不入。三是治水方法比较科学合理。据说他发明了测量工具“准绳”与“规矩”，以测定地势高低，作为施工的依据。禹从实际情况出发，吸取前人的经验教训，采用以疏导为主，辅之以拦蓄的综合治理的方法。所谓疏导，就是“疏川导滞”，疏通河道，导泄积水；所谓拦蓄，就是“陂障九泽”，拓建湖泊，便于将水汇于低地。他们经过13年（一说8年）的共同努力，终于将洪水治平了。

除中国外，世界上的其他国家也都有关于治水的传说。由于那时人们的力量有限，在洪水面前显得软弱无力，所以其他各国的治水传说，多以失败告终。或者说他们的人民全被洪水吞没了；或者说，只有少数人幸存下来。中国则不同，虽然也遭到一些挫折，但以胜利结束，并通过治水，使自己进入文明时代。

人们认为，我国史前治水的传说其实是反映了我国原始社会末期的一些情况：当时农业已有初步发展，聚落增加，先民们逐渐由高地移居平原和河边；从农业灌溉的要求出发，从聚落的安全出发，都需要治水，即修建排灌工程和堤围工程等。

黄河下游大堤的形成

春秋中期，在黄河下游的今河北省冀中，曾发生了一个颇为滑稽的故事，强大的齐国将自己在这一带与燕国接壤的一片土地，割让给弱小的燕国。割地的来龙去脉大致这样：周惠王十三年（前664年），散居在今燕山等地的山戎族南下骚扰燕国，齐桓公答应燕国国君庄公的请求，率领齐军打败山戎。庄公非常感激，在桓公凯旋归国时，躬身远送，不知不觉送出燕国国境，进入齐国领土。桓公便将燕君到达的那片齐地，让给燕国。

齐桓公之所以割地给燕国，是因为这与他当时正在大力推行挟天子以令诸侯的“尊王”政策有关。周天子规定，诸侯迎送天子，必须出国门；诸侯之间迎送，不得出国门。桓公知道，要证明自己真正“尊王”，必须遵守这条规定，决不能以天子自居让燕君送出国门，否则，诸侯们便会认为自己的“尊王”号召是一个骗局。但是，当时的事实是，燕君已经送他出了国门，进入齐国境内。在这种情况下，为了表明齐、燕两君并未越轨，桓公只好将燕君进入的这片齐地割给燕国。庄公远送桓公，是一次很隆重的行动，怎么还会发生这种超越国界的错误呢？原来，齐燕两国在冀中一带以黄河为界，而当时黄河下游河道十分混乱，分成多股（《禹贡》称为“九河”）入海，其主要河道又常常南北摆动的缘故。那时，黄河下游河道所以很不稳定，主要原因是因为两岸的堤防尚未建成。

从春秋起，随着铁器的普及，社会生产力明显提高，进一步开发土地，扩大耕田面积，已经成为可能。同时，因为人口也在不断增加，人们也需要增加耕地。黄河下游的近河地带，土壤疏松肥沃，很适宜于农作物的生长，于是人们纷纷来此建立家园，垦辟农田。与安家立业同时，人们也在这里的黄河两岸，因地制宜，由西向东，由小到大，由局部到整体，逐步修建黄河大堤。

根据有限的资料，我国早在春秋时期就已经开始着手兴建黄河下游的河堤工程了，特别是在下游偏西一带，即相当于今天的豫东、鲁西、冀南等地。而且还发生一些纠纷。因此，在当时一些诸侯的盟会上，对这一地区修建河堤，不得不做一些有关筑堤的规定。如公元前651年，在齐桓公主持下，由齐、宋、鲁、卫、郑、许、曹等国诸侯参加的葵丘（宋地，今河南兰考东）盟会上，就制定一条“无曲防”的盟约，要求与会各诸侯国遵守。这就是说，各国诸侯在本国黄河两岸筑堤时，必须顺应黄河的自然流向，不能用筑堤把黄河曲引到邻国，以邻为壑。在诸侯的国际会议上，对修建黄河河堤做了这样的规定，反映了这一带的诸侯们正在纷纷建造河堤，并利用河堤做“以邻为壑”的勾当。

到战国中期，七雄中的齐、魏、赵三国，有一段国界以黄河为界。齐在东南，地势较低，为了防备河水灌齐，齐国便在河道的不远处建起了黄河长堤。魏、赵两国虽然地势比齐略高，但由于齐国筑起了长堤，黄河泛滥，洪水势必漫入自己国境，因此，两国继齐之后，也各在自己的境内，在离黄河沿岸不远处，建造了长堤。这样，黄河下游的南北大堤，在春秋战国时陆续建成了。

正是由于这一南北大堤的兴建，黄河的河床才渐渐稳定下来，黄河下游的干流正式形成。大致说，这段干流，西起河南的荥阳，向东北行，穿过今浚县、濮阳、内黄等县境内，进入今河北省的大名和馆陶，山东省的临清、高唐和德州，以及河北省的沧州和黄骅，注入渤海。堤防的修建、河床的稳定、洪水泛滥得到控制，到这一带安家立业的人更多，因此，本来较少人烟村落的冀中平原，面貌逐渐改变，到战国后期，便涌现出了如安平（今衡水

安平县）、饶（今饶阳东北）、高阳（今高阳东部）、武遂（今徐水县西北）、武垣（今肃宁县东南）、平原（今平原南部）、麦丘（今商河西北）、饶安（今盐山县西北）等近20个城邑。堤防的兴建，为这一地区的开发创造了条件。

王景、王吴治理黄河

黄河流经黄土高原，黄土质地疏松，容易冲刷，因此总有泥沙随水带到黄河下游，抬高河床。秦汉时期，开拓西北边疆，原属游牧区的黄河中游许多地方，被垦为农田。这些土地的垦辟，虽然提高了农业生产，但是加剧了水土流失，从而使黄河下游河床淤高的速度加快。到西汉时，一再发生决口，特别是王莽始建国三年（11年）的一次大决，导致今豫东、冀南、鲁西北大片土地被淹。河道紊乱，除循汴渠、济水等水道东流外，还有一股到千乘（山东高青县东南）入海。

对于这次黄河决口、河道南移是否要治理，东汉初年的地方官吏态度截然不同。改道后黄河所经地区的官吏，主张迅速堵塞决口，使黄河回归旧道。而黄河旧道一带的地方官吏竭力反对，认为应顺其自然，主张维持现状。因为双方争执不下，治河工程遂被拖延下来。后来，灾区人民十分不满，纷纷指责朝廷。朝廷的压力很大，永平十二年（69年），东汉明帝才派王景、王吴治河。王景“广窥众书，又好天文术数之事，沈深多技艺”。他特别“能理水”，曾与王吴合作，用“堨流法”治理浚仪渠很有成效。因此，东汉朝廷便授命他们两人治河。治河工程据《后汉书·王景传》载，主要有疏浚河道、修建堤防和建立水门等。

这次王景、王吴治河，所确定的以后黄河下游水道，上起荥阳，下到千乘海口，共长千余里。他们之所以确定这一水道作为黄河干道，是因为这条水道沿线地势较低且水道本身比较径直。但是它的绝大部分河段毕竟是决口后漫流形成的，有些段落，河道难免浅窄和弯曲，只有经过改造，才能减少决口和泛滥。因此，必须进行“凿山阜”“破砥绩”“疏决壅积”等。山阜当指阻挡河流的高地，因有高地阻挡，河道或者被约束得很窄，或者只能绕弯而行，变得比较弯窄。砥绩和壅积指的是堆积在河道中的岩石和泥沙，河道中存在着这些东西，行水当然不畅。要将千余里的黄河下游河道，改造得比

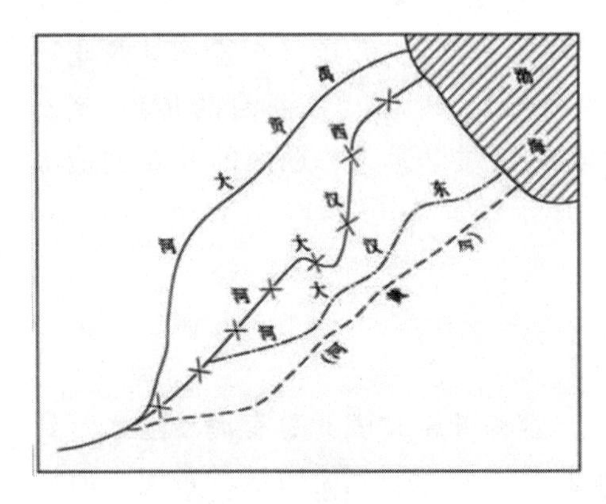

王景治河后的东汉黄河

较宽深通直，工程量很大。

筑千里长堤同样是一项十分艰巨的工程。黄河携沙量大，河道因泥沙沉积容易南北摆动。黄河年水量变率很大，汛期水量往往是平时的几十倍，四处漫溢。在这种情况下必须修建河堤，否则，对沿岸人民生命财产的危害极大。因此，建筑自荥阳至海口的千里黄河长堤，便是他们这次治河的又一重点工程。看来，无论在南岸或北岸，都建成重堤，即有如明代潘季驯的缕堤和遥堤。因为史料告诉我们，当时他们筑堤时是“十里立一水门，令更相洄注，无复溃漏之患”的。“十里立一水门，令更相洄注”，只有在双重堤防的条件下，才能实现，才可将河水从内堤的上游水门流出，又可因外堤的阻挡，流出的水，从下游的水门回注河中。修建重堤，工程更是巨大，但它却有利于将洪水中的泥沙沉积于内外堤之间，既加固了堤防，又延缓了河床的淤高。

王景、王吴这项浩大的治河工程的进展还是相当顺利的，从永平十二年（69 年）四月开工，到第二年四月，便全面完工，历时仅仅一年。由于工程浩大，经费支出当然十分可观，王景传载，“景虽减省役费，然犹以百亿计”。

经王景、王吴的治理，在以后很长的历史时期中，这段河道决口的次数大大减少了，安流了 800 年左右，河道没有大迁，到北宋初年，它才北迁到天津境内入海。对于以“善淤、善决、善迁”的黄河来说，安流得这么久，可以说是历史奇迹。人们认为，创造这个奇迹，有许多原因，其中最重要的一条，便是王景、王吴所确定的这条河道地势较低、流路较直和工程质量较高的缘故。

贾鲁治黄河

经过长期的泥沙淤积，王景、王吴治理的这条原来地势较低、河床较深的河道，又被逐渐抬高了。到唐朝，决口泛滥开始增多。到北宋庆历八年

(1048 年)，河决濮阳东面的商胡埽，终于导致黄河的一次重大的改道，向北流经馆陶、临清、武城、武邑、青县等地方，至今天津市境入海。南宋建炎二年（1128 年），金兵南下，东京留守杜充妄图用河水拦挡，决开黄河南堤。军事目的并未达到，却酿成豫东、鲁西、苏北的大灾，黄河下游河道再一次大迁徙，夺泗水、淮水河道，与泗、淮合槽入海。

这条由人工决口形成的黄河下游新道，问题很多。从决口到泗水一段，因为是在黄河泛滥中形成的，河床很浅，非常容易漫溢成灾。泗水以下一段，河道狭窄，又有徐州洪、吕梁洪之险，很难容纳黄河汛期洪水。因此，从金代起，它频繁决口和泛滥。元至正四年（1344 年），黄河在山东白茅堤的决口特别严重，水灾遍及豫东、鲁西南、冀南等地，不仅危及人民生命财产，而且冲毁了会通河，切断了南粮北运的运河航道，元朝政府遂下决心治河。

河决白茅堤后，贾鲁是主张彻底治河的大臣之一。他提出了堵塞白茅堤决口，挽河南流，回到泗水、淮水旧道，东入黄海的治河方法。挽河南流，工程量很大，但对保运有利，符合元朝政府的要求。于是，元顺帝于至正十一年（1351 年），命他为工部尚书，率领汴梁、大名等路民夫 15 万人，庐州等地戍兵 2 万人，开往工地。贾鲁挽河南流的工程于当年四月正式开始。

大体上说，贾鲁这次治河的施工顺序，是先治理白茅堤决口以下的黄河旧道，再堵塞白茅堤决口。这是由于治理旧道的工程量很大，要浚深展宽河床，要截弯取直，要修建堤防等，只有在堵口之前，在河床干涸的情况下，最便于施工。但是，将堵口工程安排在后期，又会遇上 7 ~ 9 月的黄河汛期，而汛期堵口，非常艰难，是治河大忌。由于贾氏事先对堵口工程制订了详细的方案，做了周密的准备和部署，因此，堵口工程和疏浚工程一样，都进行得比较顺利。当年 11 月，全部工程峻工。先后疏浚黄河故道 280 余里，修筑堤防 700 多里，堵塞治理大小决口 107 处。在 8 个月内完成如此浩大的工程，着实不易。治理后的河道流路，大致说，经今封丘、曹县、商丘、砀山等县市境内，徐州以下，循泗水、淮水河道，注入黄海。

贾鲁是一位勇于负责、敢于创新的水利官员，当时白茅堤决口宽 400 步，中流深 3 丈余，波涛汹涌，极难堵塞。他采用一系列的创造性措施，加以解决。第一步是在决口上方穿一直河，以代替原来比较弯曲的河道，其主流直冲决口的一段河道，这就大大地降低了堵口的难度。第二步是在决口上方的直河上，修建了刺水堤和石船斜堤，尽量把河水导向对面，这就进一步降低了堵口的困难。最后，终于顺利地完成堵口，实现了挽河南流的任务。这些新技术，在堵口工程上，具有很大的意义。

贾鲁勇于负责、敢于创新，他在治河上的成就得到了人们的肯定。但是，由于他施工过急，“不恤民力”，强制人们夜以继日地劳作，使这次治河成为元末农民大起义的导火线，也受到了人们的非议。贾鲁治河，虽然存在着一些缺陷，但成绩还是主要的。

潘季驯治河

元末明初，由于新旧朝代的交替，黄河一度失修。明初河患又严重起来，豫东、鲁西、冀南、苏北等许多地方被淹，会通河一再被毁。漕运对京师用粮和政局稳定具有重要意义，保运便成为明朝治河的一条基本准则。

明朝前期，治河实行从保运出发的北堵南分的方针。北堵，就是在黄河下游的北岸，修建一条力求坚固的长堤，防止黄河北决和北迁。因为北决北迁，都会破坏会通河的航道，切断南北漕运。而南决和南迁，黄河可以循泗水、淮水入海，对漕运威胁较少。南分，就是让黄河分道南下，沿贾鲁旧道以及涡水、颍水等，循淮河东入黄海。他们认为河合势大，渲泄不畅，便会溃堤泛滥。河分势弱，流水通畅，不易溃决。明朝前期，主持治河的主要官吏徐有贞、白昂、刘大夏等，都执行这一方针。徐有贞还做了这样一个实验，比较一孔壶和五孔壶泄水的速度，用后者快于前者的事实，来证明分流排洪比独流排洪效果更好，并因此而取得了皇帝对这一治河方针的支持。

从短期看，北筑堤，南分流，确实有利于保漕和排洪，并且取得了一定的成效。但水患只是黄河问题的表象，河水造成的泥沙堵塞河道才是黄河的根本问题。而分流必然流速缓慢，泥沙容易沉淀；从长远看，抬高河床的速度一定加快，必然导致更为严重的洪灾。明朝后期，这个问题充分暴露出来，黄河下游决口非常频繁，洪灾沙害空前严重。在这种情况下，于是有了潘季驯等另辟蹊径的新的治河方法。

潘季驯的新治河方法便是束水攻沙法。它最早由虞城（山西平陆东）一位不知名的秀才提出，总理河道的万恭首先加以试用，潘季驯使之进一步完善，并广泛推行。他们认为，偌大一条黄河，水中含沙量很高，而且源源不断地随水东下，人力有限，排不胜排。而水力无穷，将它集中起来攻沙，有

如“以汤沃雪”，便可迎刃而解。潘季驯主持治理黄河的时间很长，他以束水攻沙为核心，在工程上采取了一系列的措施，主要的有以下几个方面。

1. 塞旁决以挽正流

虞城秀才认为，“水合则势猛，势猛则沙刷，沙刷则河深”，潘季驯完全同意这种看法。因此，他在治河时，虽然继续推行北堵的方针，但反对听凭河水分流南下，而代之以“塞旁决以挽正流”的方针。“塞旁决以挽正流”，就是将从决口旁出的河水堵住，使河水集中到干流中来。潘季驯曾先后4次主持治河工作，历时20年，他相继堵塞了数以百计的黄河决口，终于结束了长期以来黄河下游多股分流和洪水横溢的局面，使河水集中到贾鲁故道。这一工程不仅便于集水攻沙，更主要的是它立竿见影地把黄泛区人民从水灾的困扰中解脱出来。

2. 筑近堤以束水攻沙，筑遥堤防洪水泛滥

潘季驯认为“筑堤束水，以水攻沙，水不奔溢于两旁，则必直刷乎河底”。因此，除堵决口外，更要重视在黄河下游的河道两岸，紧逼水滨，建筑坚固的堤防。这两道南北大堤被称为近堤或缕堤，是束水攻沙的最主要工程。不过由于南北两堤逼水太近，即使建得非常坚固，如遇特大洪水，黄河也会溃堤泛滥，酿成洪灾。为了防范，他们又在南北缕堤之外，再各筑一道远堤，又称遥堤。这种近、远双重的河堤，普遍修建于黄河下游（接近海口的河段除外），其中的某些险要河段，于近、远堤外，又建有月堤加固。后来，为了不让漫出缕堤的洪水沿两堤奔流，破坏两堤的堤防；为了让泥沙沉积于两堤之间，以加固堤防，并使清水回到大河之中，以加强攻沙力量，他们又于两堤之间修建了挡水的格堤。此外，还在长堤上建有溢流坝，以便进行有控制的排洪。潘氏的堤防工程比较完备，在攻沙、防洪等方面起了一定的作用。

3. 蓄清刷浑

黄河、淮河会于清口（今江苏清江西南），以下黄河与淮河合槽。淮河含沙量较少，水清，为了加强冲沙力量，潘氏又加高、加厚高家堰大堤，将淮水拦蓄于洪泽湖，提高洪泽湖水位，使清水可以顺利入河，借清水之力，冲

刷浑浊的黄水。潘氏认为，这样清口以下的河道，便会更为通畅。这一工程效果不大，因为淮河的水远远没有黄河的多，清水很难顺利入河，而高家堰大堤过高，淹地太多，也会给淮南地区造成严重的威胁。

总的来说，潘季驯的束水攻沙治河方法还是取得了显著成效的，他治理了明前期以来的黄河下游水患，使黄河泥沙淤积的速度放慢，黄河决口和泛滥的频率减少。但黄河的情况非常复杂，不能只靠束水攻沙，治河必须从全局出发，因地制宜，采用多种方法，效果才能更为显著。更何况黄河水量变率极大，涨落悬殊，建立宽窄恰到好处既可束水攻沙又不泛滥成灾的大堤几乎是不可能的。随着时间的推移，黄河下游后来还是成为地上河。

靳辅、陈潢治河

所有的水利设施，都必须勤于维修。黄河多沙，这里的水利设施更是如此。明清之际，因为改朝换代，黄河堤防失修，洪沙灾害又非常严重。据统计，从顺治元年（1644 年）清朝建立到康熙十五年（1676 年）的 32 年中，发生严重决口的竟有 23 年；豫东、鲁西、冀南、苏北等地洪水横流，南北漕

肆虐的黄河

运一再中断。康熙十六年（1677 年），当时尽管吴三桂等“三藩之乱”尚未最后平定，清政府还是任命靳辅为治河总督，主持治理黄河和运河。

陈潢是靳辅的幕僚，平时重视调查研究，知识渊博。在治河方面，他虽与前人一样，主张“必以堤防为先务”，强调筑堤的作用，但他又力主治河方法多样化，认为必须因地制宜，并说“或疏、或蓄、或束、或泄、或分、或合，而俱得自然之宜”。陈潢还认为治河之本是阻止泥沙下行，他的这种观点。萌发了后代保持水土的思想。这一思想虽然一时未被当时人们所重视，但他的其他治河主张，却被靳辅在治河实践中采用了。

靳辅、陈潢治河的主要措施与潘季驯基本相同，即筑堤束水，以水攻沙。但他们的筑堤范围要比潘氏广泛，除修复潘氏旧堤外，又在潘氏不曾修建的河段加以修建。如河南境内，靳辅和陈潢认为“河南在上游，河南有失，则江南（原文为“南”字，当为“北”字之误）河道淤淀不旋踵”。因此，在河南中部和东部的荥阳、仪封、考城等地，都修建了缕、遥二堤。又如在苏北云梯关（今滨海县县治）以东，潘氏认为这里地近黄海，不屑修建河堤。而靳、陈认为“治河者必先从下流治起，下流疏通，则上流自不饱涨”，因而也修建了 18000 丈束水攻沙的河堤。

除了上面所说的异同外，靳、陈的治河方法还在很多方面都超越了潘氏。潘氏只强调筑堤束水，以水攻沙，而靳、陈除了也很强调束水攻沙外，又十分重视人力的疏导作用。他认为 3 年以内的新淤，比较疏松，河水容易冲刷，而 5 年以上的旧淤，已经板结，非靠人力浚挖不可。他们不仅注意人力浚挖，还总结出一套“川”字形的挖土法。其法在堵塞决口以前，在旧河床上的水道两侧 3 丈处，各开一条宽 8 丈深沟，加上水道，成为“川”字形。堵决口、挽正流后，3 条水道很快便可将中间未挖的泥沙冲掉。“川”字形挖土法，可减轻挖土的工作量，挖出来的泥沙，又可用来加固堤防。在疏浚河口时，他们还创造了带水作业的刷沙机械，系铁扫帚于船尾，当船来回行驶时，可以翻起河底的泥沙，再利用流水的冲力，将泥沙送到深海中。

靳、陈等经过 10 年不懈的努力，堵决口、疏河道、筑堤防，取得了显著的成就。以筑堤为例，他们累计筑了 1000 多里。这样，不仅确保了南北运河的畅通，也为豫东、鲁西、冀南、苏北的复苏创造了条件。

靳辅、陈潢等虽然在治河工作中取得了重大的成就，但他们本人，却遭到坏人陷害，受到不公平的待遇。当他们基本上治平河患后，黄河下游一些

因洪水泛滥而无法耕种的土地可以耕种了。一些有政治后台的豪强，利用权势，纷纷霸占这些土地。靳、陈加以制止，并用这些土地募民屯垦。认为这样做，一可以安置流民，二可以增加治河经费。结果，豪强们便诬告靳、陈两人“攘夺民田，妄称屯垦”，靳辅被罢官，陈潢被下狱。

为了开发黄河下游，为了这一地区人民生命财产的安全，千百年来，人们与黄河的水沙灾害进行着顽强的斗争。他们取得了许多成就，为这一地区经济、政治、文化的繁荣，提供最必要的保证。但黄河下游水沙灾害的根源不在下游本身，而是在中上游，特别是中游。然而古人对这个问题缺乏认识，或认识不深，将全部力量放在下游。只知筑堤、浚河等，不知治本、治理中游的水土流失，因此受到很大的局限。只有统筹安排，综合治理，以中游为主，兼及上游和下游；以保持水土为主，兼及建水库、筑堤防、浚河道，才能取得更好的治水效果。

田　歌

田歌又称秧田歌、田山歌、插田歌等，是长江、珠江流域广大稻农插秧、除草、车水、挖地时传唱的一种民歌。在这些地区，农民一般要种两季或三季，劳动强度非常大，为此，他们很自然地产生了以唱歌调节情绪、解除疲劳的自发要求。然而，所有上述劳动虽然是集体性的，而又不需要相互协作，这样，田歌一方面与号子一样，同劳动本身有十分密切的关系，但另一方面又不需要用唱歌来统一劳动动作，于是，田歌的歌唱形式也就与号子大不相同。

第五章

与时俱进的古代农学

中国传统农业科学技术虽然是建立在直观经验基础上的,但并不局限于单纯经验的范围,而是形成了自己的农学理论。这种农学理论是在实践经验基础上形成的,表现为若干富于哲理性的指导原则,因而又可称为农学思想。“三才”理论是它的核心和总纲,中国古代农书无不以“三才”理论为其立论的依据。

第一节 古代农学

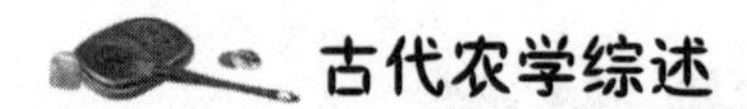

古代农学综述

中国传统农业科学技术虽然是建立在直观经验基础上的，但并不局限于单纯经验的范围，而是形成了自己的农学理论。这种农学理论是在实践经验基础上形成的，表现为若干富于哲理性的指导原则，因而又可称为农学思想。“三才”理论是它的核心和总纲，中国古代农书无不以“三才”理论为其立论的依据。

“三才”指天、地、人，或天道、地道、人道。我国战国时期的《易传》中最先出现了“三才”这个词，但这种思想可以追溯到更早的时代。作为中国传统哲学的重要概念，“三才”理论把天、地、人当作宇宙构成中的三大要素，并以此作为分析框架应用于各个领域。对农业生产中天、地、人关系的明确表述，则始见于《吕氏春秋·审时》篇：“夫稼，为之者人也，生之者地也，养之者天也。”

“稼”指农作物，扩大些说就是农业生物，即是农业生产的对象；“天”和“地”，在这里并非有意志的人格神，而是指自然界的气候和土壤、地形等，属农业生产的环境因素；而人则是农业生产的主体。因此，上述引文是对农业生产中农作物（或农业生物）与自然环境和人类劳动之间关系的朴素概括，它把农业生产看作稼、天、地、人诸因素组成的整体。我们知道，农业是以农作物、畜禽等的生长、发育、成熟、繁衍的过程为基础的，这是自然再生产，但这一过程又是在人的劳动干预下、按照人的预定目标进行的，因而它又是经济再生产。农业就是自然再生产和经济再生产的统一。作为自

然再生产，农业生物离不开它周围的自然环境；作为经济再生产，农业生物又离不开作为农业生产主导者的人。农业的本质就是农业生物、自然环境和人构成的相互依存、相互制约的生态系统和经济系统。《吕氏春秋·审时》的上述概括接触到了农业的这一本质。

“三才”理论把农业生产看作是各种因素相互联系的、动的整体。它所包含的农业生产的整体观、联系观、动态观，贯穿于我国传统农业生产技术的各个方面。

在“三才”理论体系中，人与天地并列，这本身就包含了“天地之间人为贵”的思想。在某种意义上，人居于主导地位，但人不是以自然的主宰者身份出现的，而是以自然过程参与者的身份出现的；人和自然不是对抗的关系，而是协调的关系；虽然人和自然的碰撞难免发生，但秩序与和谐始终为人们所追求。我国早在先秦时代就已产生保护自然资源的思想。农业生物在自然环境中生长，有其客观规律性。人类可以干预这一过程，使它符合自己的目标，但不能驾凌于自然之上，违反客观规律。贾思勰说：“顺天时，量地利，则用力小而成功多，任情返道，劳而无获”（《齐民要术》），说的就是这个意思。因此，中国传统农业总是强调因时、因地、因物制宜，即所谓“三宜”，把这看作是一切农业举措必须遵循的原则。然而人虽然不能改变规律，却可以认识并利用规律，就有了主动权，可以“盗天地之时利”（陈旉语），可以人定胜天。明代马一龙说：“知时为上，知土次之。知其所宜，用其不可弃；知其所宜，避其不可为，力足以胜天矣。知不杋力，劳而无功。”（《农说》）深刻阐述了尊重客观规律性与发挥主观能动性之间的辩证关系。

精耕细作技术的重要指导思想便是“三才”理论。精耕细作的基本要求是在遵守客观规律的基础上充分发挥人的主观能动性，利用自然条件的有利方面，克服其不利方面，以争取高产。精耕细作重视人的劳动（“力”），更重视对自然规律的认识（“知”）。上文所谈一系列精耕细作技术，都是建立在对农业生物和农业环境诸因素间的辩证关系的认识基础之上的。

关于“人”的因素，除“力”和“知”的关系外，还有“力”与“和”的关系。古人常常谈“人力”，也常常谈“人和”，所谓“力”是指人的劳动力。土地和劳动力是古代农业的两大基本要素。古人在农业实践中很早就了解到这一点，故而把“力”作为“人”的因素的基本内涵。但人从事农业不是孤立的个人单独进行的，而是联合在一定的社会组织中进行的，因而需要

协调彼此的关系，使许多单个的力组成合力，而不至相互抵消。由此形成“人和”的概念。早在战国时代，“天时、地利、人和”就成了“三才”理论最流行、最典型的表述方式。由此可见，即使是对“人”这一因素，古人也是从整体予以考察的。

英国著名中国科技史专家李约瑟认为中国的科学技术观是一种有机统一的自然观。这种自然观在中国古代农业科技中表现得尤为典型，“三才”理论正是这种思维方式的结晶。

这种理论，不是从中国古代哲学思想中移植到农业生产中来的，而是长期农业生产实践经验的升华。它是在我国古代农业实践中产生，并随着农业实践向前发展的。

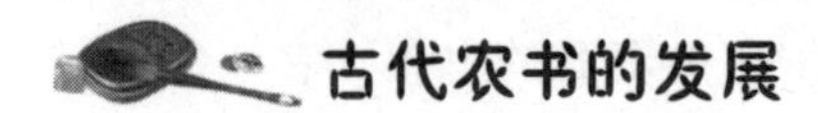

古代农书的发展

1. 古代农书的产生

在我国悠久的农业历史中，遗存了丰富的农学典籍。据北京图书馆主编的《中国古农书联合目录》统计，在西方近代农学传入我国以前，我国大小农书共出现634种，保存至今的有300余种（包括辑佚）。而近年来又发现许多以前所不知道的农书。这些农书可以区分为综合性农书和专业性农书两大类。在我国古代农业发展的每个时期，都有一些代表性农书，深刻地反映了当时的农业面貌和农学水平，成为中国古代农学发展各个阶段的标志。

战国时期的诸子百家中，就有农家一说。农家的来源，一部分是历代农官，他们负有劝督农业生产、组织修建沟洫等任务，另一部分是与农民有较多联系的平民知识分子，他们都积累了不少农业生产知识，并有专著。《汉书·艺文志》收录了农家著作9种，其中《神农》《野老》为战国时作品，都没有保存下来。但成书于公元前239年的《吕氏春秋》中有《上农》《任地》《辩土》《审时》4篇，《上农》讲农业政策，其他3篇讲农业技术，这是我国现存最早的一组农学论文。《任地》等3篇以如何把涝洼盐碱地改造为畎亩结构的农田为中心，阐述了土壤耕作、合理密植、中耕除草、掌握农时等技术环节，是先秦时代（主要是战国以前）农业生产技术的光辉总结。它第一次明确地阐述了农业生产中环境因素、人的因素和农业生物之间的辩证

统一关系，是我国精耕细作农学的奠基之作。此外，成书于战国的《尚书·禹贡》和《管子·地员》篇，也是水平颇高的农业地理和土壤学方面的著作。

2. 秦汉至南北朝高水平农书的问世

秦汉到南北朝时期最重要的农书有《氾胜之书》、《四民月令》和《齐民要术》。

氾胜之是西汉末年人，做过汉成帝的议郎，曾在关中地区指导农业生产，成绩卓著。氾胜之所著的农书已经散失，仅从其他古书中保存了片断，收集起来只有3500多字。《氾胜之书》中提出了“趋时、和土、务粪泽、早锄、早获”这一北方旱地耕作栽培的总原则，记载了在小面积土地上深耕细作、集中使用水肥以求高产的区田法，并具体论述了若干种作物的栽培技术，内容丰富。

公元2世纪（东汉末）著名政论家崔寔所著《四民月令》现今也只有一些只言片语可以考证。它是农家月令类农书的代表作，反映了黄河流域地主田庄中的各项生产经营活动。

北魏贾思勰所著的《齐民要术》是对两汉以来黄河流域农业生产技术做

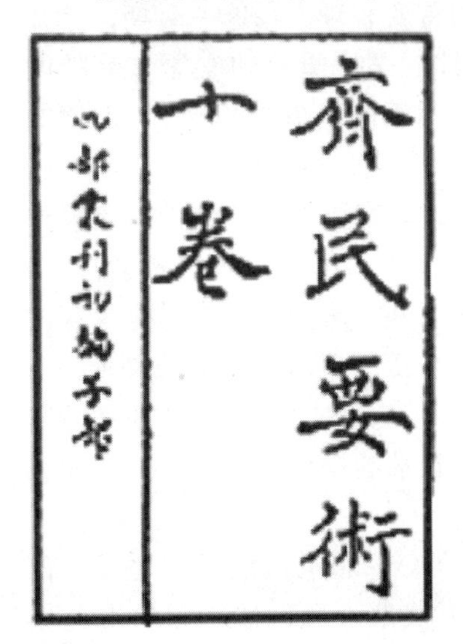

齊民要術

十卷

四部叢刊初編子部

贾思勰及其《齐民要术》

了最为系统而精彩的总结的专著。他在写书的过程中，广泛收集历史文献和农谚中的有关资料，向老农和有经验的知识分子请教，并以自己的实践（观察和试验）来检验前人和今人的经验和结论。全书写得严谨、质朴、精到、详明，堪称后世农书的典范。《齐民要术》内容包括粮食、油料、纤维、染料、饲料、蔬菜、果树、林木的种植，以及蚕桑、畜牧、养鱼和农副产品的加工以至烹调等。正如作者所说，它“起自耕农，终于醯（醋）醢（肉酱），资生之业，靡不毕书”。书中所总结的耕—耙—耢—压—锄、种植绿肥、轮作倒茬和选育良种等原则与方法，标志着我国北方旱地精耕细作技术体系的成熟。此后1000多年，我国北方旱作技术的发展始终没有超越它所指出的方向和范围，其中许多科学原理至今仍然有效。此书虽以黄河流域农业为主，但篇末记载了100多种有实用价值的热带亚热带植物，又是最早的南方植物志之一。总之，《齐民要术》是我国最早最完善的综合性农书，在中国和世界农业史上占有重要的地位。西方和东方的学者对《齐民要术》的成就都给予了高度评价，研究的人越来越多。如日本有所谓“贾学”，《齐民要术》已成为世界人民的共同财富。

3. 唐宋元农书的新发展

农书数量的增加是唐宋元时期农学发展的首要表现。在这一时期，已知农书数量几乎是前代农书总和的一倍。综合性农书中重要的有唐末韩鄂的《四时纂要》；南宋陈旉的《农书》；元代司农司编的《农桑辑要》，王祯的《农书》，维吾尔族人鲁明善写的《农桑衣食撮要》等。

唐宋时代专业性农书大大增多，分科更细，内容更加专业全面。比较重要的有唐陆龟蒙的《耒耜经》、陆羽的《茶经》、李石的《司牧安骥集》，宋代秦观的《蚕书》、赞宁的《笋谱》、陈翥（柱）的《桐谱》、蔡襄的《荔枝谱》、韩彦直的《橘录》、陈景沂的《全芳备祖》等。还出现一批劝农文和耕织图，它们以通俗的文字和图像介绍农业技术，或针对农业生产中的问题，提出解决办法，具有农业推广性质，是我国古农学的一种新形式。其中最重要的有两部，它们的作者分别是陈旉和王祯。

陈旉（1076—1156年）生于北宋和南宋之交，居于长江下游地区，曾“躬耕西山”“种药治圃”，有丰富的农业生产实践经验。他于绍兴十九年（1149年）写成的《农书》，是总结江南地区农业生产和经营管理经验的一

本地区性农书。陈旉《农书》中的内容都是经过他自己实践检验证明的，因此，该书虽然篇幅不大，范围较小，但充满新鲜经验和新鲜思想，这在《齐民要术》以后的综合性农书中，几乎是独一无二的。其中有对水田耕作栽培技术和各类土地合理利用的精辟论述，标志着南方水田精耕细作技术体系的成熟。它和《齐民要术》可算得上是双星拱照，南北辉映。书中提出“盗天地之时利”和“地力常新壮”等命题，在传统农学的发展史上具有里程碑式的意义。

王祯（生卒年月不详）是元朝人，原籍山东东平，在安徽和江西当过县尹，对南北各地农业生产都比较熟悉，是一位多才多艺的人。他在 14 世纪初写成的《农书》，第一次囊括了北方旱地和南方水田的生产技术，并做了比较，系统全面，源流清晰。尤其是全书约 2/3 的篇幅用以介绍 260 种“农器”（主要是农机具，也包括部分农产品加工工具和其他与农业有关的设施），每种农器有图一幅，文字说明一篇，并配上诗歌，真是图文并茂，洋洋大观，实为我国现存最古最全的农器图谱。

4. 明清农书创作的繁荣

明清时期，我国的农书创作空前繁荣，成果丰盛。流传至今的明清农书有 900 种之多，占我国农书总数的一多半。这些农书内容丰富，形式多样，其中不乏高水平的佳作，这是当时农业生产和农业技术继续发展的一种反映。在本时期的大型综合性农书中，最重要的是《农政全书》和《授时通考》。

《农政全书》刊刻于明崇祯十二年（1639 年），作者徐光启（1562—1633 年）是明末伟大的科学家，他虽曾官至礼部尚书兼东阁大学士，但仕途坎坷，主要精力放在科学研究上，对天文、数学、农学均有深入研究，是我国介绍西方自然科学的第一人。徐光启用力最勤、收获最丰的领域便是农学。他青壮年时一边读书教学，一边参加农业生产，后来又在上海、天津等地进行过广泛的农学试验，并收集了大量前代和当世的农业资料，在此基础上用毕生精力写成的主要著作《农政全书》，是一部 50 余万字的科学巨著。全书分农本、田制、农事（以屯垦为中心）、水利、农器、树艺（谷物、园艺）、蚕桑、蚕桑广类（木棉、苎麻等）、种植（经济作物）、牧养、制造（农副产品加工等）、荒政等 12 目，内容与前代农书相比大为拓宽。该书有鉴别地搜罗了历代农书和农业文献的精华，补充了屯垦、水利、荒政等前代农书的缺环，

徐光启

总结了宋元以来在棉花、甘薯引种栽培等方面的新鲜经验，并第一次把“数象之学”应用于农业研究，通过对历史资料的统计分析和实地观察，正确地指出了蝗虫的滋生场所，书中还收录了反映西方近世科技成果的《泰西水法》，堪称我国传统农书中体大思精、内容宏富、继承与创新相结合的集大成之作。

《授时通考》成书乾隆七年(1742年)，是清政府组织编纂的。全书分天时、土宜、谷种、功作、劝课、蓄聚、农余、蚕桑8门，汇集和保存了丰富的资料，但内容没有什么创新。

地方性小农书显著增多是这一时期综合性农书的一大特色。最著名的有浙江的《沈氏农书》和《补农书》，四川的《三农记》，山东的《农圃便览》《农蚕经》，陕西的《农言著实》，山西的《马首农言》等，它们中大多是出于经营地主之手的实录性的经验总结，反映了各地区农业生产和农业技术的发展状况。

明清时期，专业性农书也大量涌现。蚕桑类、畜牧兽医类专著最多，园艺、花卉、种茶、养鱼的农书也不少。有的内容很专业，如记载水稻品种的《稻品》，提倡在江南推广双季稻的《江南催耕课稻编》，论述新兴作物的《烟草谱》《木棉谱》《金薯传习录》等，种菌、养蜂、放养、柞蚕等都有专书。这些专业性农书都是人们为解决农业生产新问题，总结新经验而写的。还值得提出的是，在人多地少的条件下，人们追求小面积高产，纷纷进行区种法试验，于是出现不少以“区田”为名讲述区田法的农书，近人把它们收进《区种十种》中。人们总结抗灾救荒经验，又撰写了一批关于蝗虫防治和救荒植物的专书，以上两类农书都是前代所没有的。

明清时期，还有一类偏重于理论分析的农书。例如，明代马一龙的《农

说》和清代杨屾的《知本提纲》，用阴阳五行的理论解释农业生产，把传统农学理论进一步系统化，有相当高的水平。不过，它们还停留在以比较抽象的哲理来阐释农业生产现象，当时仍缺乏显微镜一类科学观察实验手段，难以深入探索农业生物内部的奥秘，形成建立在科学实验基础上的理论，这就不能不妨碍我国农学以后的进一步发展。

纵观我国古代农书，在卷帙浩繁、体裁多样、内容丰富深刻、流传广泛久远等方面，远远超过同时代的西欧，它们是我们的祖先给我们也是给全人类留下的宝贵遗产。

第二节 古代农学家

众所周知，我国自古以农立国，农业历史极为悠久。我国的历史上出现了众多的农学家，他们不仅有重农思想，还身体力行，勇于实践，手脑并用，认真总结历代群众生产经验，写出许多农业科学论著，给我们留下大量珍贵的农学遗产。

赵过与代田法

赵过是西汉武帝时期的农学家，由于他熟悉农业和农业技术，所以受到汉武帝的重视，被任命为管理全国粮草和农业生产的农官——搜粟都尉。赵过总结出了一套代田耕作技术并在西北地区推广了代田法，为中国农业的发展做出了重要贡献。

汉武帝时期西北地区是抗击匈奴入侵和保卫关中的屏障，为了抗击匈奴，汉武帝派了大量的军队在这一带进行“屯垦”，一边耕种，一边守卫。但西北

地区是一个干旱少雨的地方，要发展农业，首先要解决灌溉问题，否则发展农业只是一句空话。

赵过任搜粟都尉以后，根据民间的经验，总结出一套代田耕作法。应用这种耕作技术，既具有防风抗旱的作用，利于种子出苗，又能将用地和养地结合起来，利于恢复地力，很适宜在干旱少雨的西北地区运用。据《汉书·食货志》记载：使用代田耕作，“一岁之收常过缦田一斛以上，善者倍之”，即是说在同样的条件下代田要比平作田增产一斛多，种得好的要增产两斛多，代田耕作是我国历史上最早出现的开发干旱地区的一种先进的耕作技术。

赵过总结出代田法以后，便着手在西北地区推广代田法。一种不为人们所知的新技术在刚刚出现时总是难以推广的，2000 年前的汉代自然也不例外，赵过很懂得这个道理，所以在他推广代田法前，先在离宫做试验示范，结果使用代田法耕作“得谷皆多其旁田亩一斛以上”，从而使人们认识到代田是一种先进的耕作法。接着赵过又组织三辅地区的“令长、三老、力田及里父老善田者受田器，学耕种养苗状”，推广新农具和新技术，从而保证了代田法的推广。据记载，当时的“边城、河东、弘农、三辅太常民皆便代田”，代田法在西北地区得到了大面积的推广。

氾胜之与《氾胜之书》

赵过之后约 60 年，我国又出现了一位著名的农学家——氾胜之，他的著作便是我国现存最古老的农书——《氾胜之书》。

氾胜之，山东曹县人，他学识渊博，精通农学，汉成帝时（前 32—前 7 年）被举为议郎，充任技术顾问，不久又被任命为“劝农使者”在关中平原指导农业生产。

关中平原过去一直习惯种粟，而不好种麦，特别是宿麦（冬小麦），这不利于充分利用土地和防灾救荒。为此，汉武帝时董仲舒向武帝上书说：“《春秋》他谷不书，至于麦禾不成则书之，以此见圣人于五谷最重麦与禾也，今关中俗不好种麦，是岁失《春秋》之所重，而损生民之具也。”他建议“使关中民益种麦，令毋后时”。这个建议被汉武帝采纳，当即下诏“劝种宿麦”。氾胜之“教田三辅”，正是汉代在关中推广冬小麦时，所以他教田三辅的主要

任务，就是“督三辅种麦”，即督促关中地区种植小麦。经过氾胜之的指导，“关中遂穰”，小麦生产获得了丰收，氾胜之因而也受到了老百姓的尊敬，被尊为农师。由此可见，氾胜之在关中地区推广冬小麦的过程中是做出了巨大贡献的。

在指导关中地区农业生产的基础上，氾胜之根据农民的实践经验，编写《氾胜之十八篇》，这是我国现存最早的农学著作，后世通称为《氾胜之书》。类似这样古老的农书，在世界上只有非洲迦太基农学家多古的28篇农业著作和欧洲罗马农学家老迦图的《农业志》，可见《氾胜之书》实是世界上最古老的农学著作之一。

《氾胜之书》现存材料只有3500多字，但内容十分丰富。首先，书中提出了耕作栽培的总原则：“凡耕之本，在于趋时、和土、务粪、泽、早锄、早获。”意思是农业生产的技术关键，是要掌握农时，耕和土壤，施用肥料，灌溉保墒，及早中耕除草和收获。直到今天，在我国北方尤其是关中地区，这一原则仍然是适用的。

其次，书中对禾、黍、麦、稻、大豆、小豆、麻、枲、瓜、瓠、芋、稗、桑等十多种作物的栽培管理技术分别做了全面的论述，开创了我国古代对作物栽培的研究。

最后，书中还记载了西汉时期我国的农业技术，如春耕时宜测定法、牵索赶霜保苗法、稻田水温调节法、区田法、穗选法、溲种法、嫁接法等，反映了西汉时期我国农业科学技术的进步和发展，同时也证明了《氾胜之书》是一部具有相当高的农学水平的古农书。

贾思勰与《齐民要术》

贾思勰是我国北魏时期杰出的农学家，他留名千古的农学著作便是《齐民要术》。《齐民要术》是一部总结黄河流域自汉至北魏时期农业生产经验的农书，它在理论上为北方的旱作农业技术奠定了基础，这是贾思勰对我国传统农学的发展做出的重大贡献。

令人遗憾的是他的事迹并没有历史记载，因而现在已很难考查他一生的经历。只知道他出生于公元5世纪末北魏孝文帝时期，曾担任过高阳（今山东临淄西北）太守，到过河南、河北、山西、山东等省份，考察过农业生产，后来又从事过农业和畜牧业。大约在北魏末或东魏初即6世纪30年代到40年代初，他将毕生的经验和搜集的材料整理成文，写成了我国古代的农学名著《齐民要术》。

贾思勰的重农思想是他能完成《齐民要术》这部伟大著作的前提。他对管仲“仓廪实，知礼节；衣食足，知荣辱”的言论，对晁错“贵五谷而贱金玉”的理论，对刘陶“民可百年无货，不可一朝有饥，故食为至急”的政见，都从心底里佩服，说这些都是“诚哉言乎”，说得实在对。对于一些重视农业，提倡兴修水利，注意节约和热心于农业技术改革的地方官，贾思勰对他们表示由衷的钦佩，并将这些人视为自己的楷模。贾思勰能从一个地方官变成一个著名的农学家，这是重要的原因之一。

除此之外，贾思勰还有个良好的学风，他的治学除了注意搜集文献资料

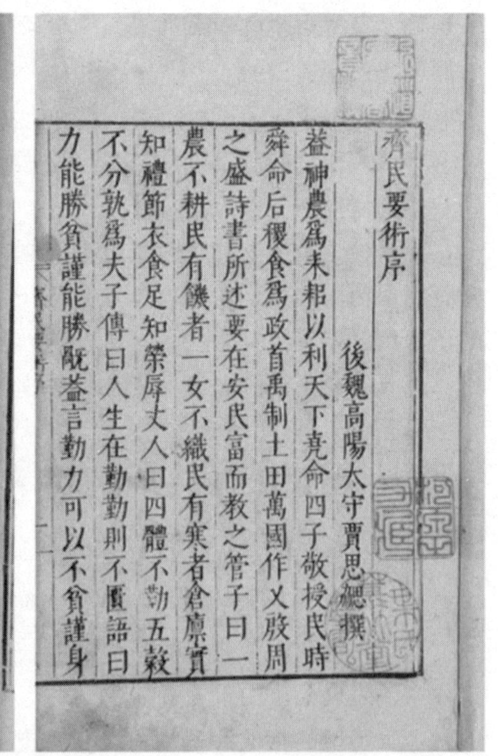
齊民要術序
後魏高陽太守賈思勰撰
蓋神農爲耒耜以利天下堯命四子敬授民時
舜命后稷食爲政首禹制土田萬國作乂殷周
之盛詩書所述要在安民富而教之管子曰一
農不耕民有饑者一女不織民有寒者倉廩實
知禮節衣食足知榮辱丈人曰四體不勤五穀
不分孰爲夫子傳曰人生在勤勤則不匱語曰
力能勝貧謹能勝禍蓋言勤力可以不貧謹身

齊民要術卷第一
後魏高陽太守賈思勰撰
耕田第一
收種第二
種穀第三
耕田第一
周書曰神農之時天雨粟神農遂耕而種之作
陶冶斤斧爲耒耜鉏耨以墾草莽然後五穀興
助百果藏實世本曰倕作耒耜倕神農之臣也

《齐民要术》内页

外，还重视接触实际和向群众学习。用他自己的话来说，他做学问的方法是“采据经传，爰及歌谣，询之老成，验之行事”，译成现代的话，就是参考古代的有关文献资料，收集民间农谚和歌谣，请教有经验的老农，通过自己的试验加以验证。贾思勰能写出内容丰富、翔实、实用性强的农业科学著作《齐民要术》主要得益于他的这种良好的学风。

《齐民要术》全书共10卷，92篇，约11万字。所谓齐民，就是指平民百姓；所谓要术，就是谋生的主要方法；《齐民要术》书名的意思，就是使百姓走上富裕道路的重要方法。全书包括的内容十分广泛，涉及农、林、牧、副、渔各业，和耕田、收种、作物栽培、蔬菜、果树、林木、蚕桑、畜禽、养鱼、酿造、加工等方面的内容。正如贾思勰所说：“该书起自耕农，终于醯醢，资生之业，靡不毕书”，从耕种到农副产品加工有关农业生产有助于农民生活的事，书中应有尽有，可以说是包罗万象。正因为如此，有人将《齐民要术》称为中国古代的农业百科全书。由此也可以看出，贾思勰农业知识的广博。

《齐民要术》还系统地总结了黄河流域农业生产的主要经验，和自西汉至北魏期间我国黄河流域在农业生产上所取得的重大成就。书中总结的主要经验有耕、耙、耱、抗旱保墒、绿肥轮作、用地养地、良种的选择和繁育、家畜家禽的外形鉴定和肥育、林木的育苗和嫁接等。《齐民要术》中系统总结了我国北方农业生产技术的基本经验。因此，《齐民要术》可以说是我国农学发展史上一块具有划时代意义的里程碑。

现在，贾思勰的《齐民要术》作为一部中国古典的农学名著，已传向世界各国，西方和东方的学者，对于贾思勰在《齐民要术》中取得的成就和做出的贡献，都给予了很高的评价，研究的人也越来越多，日本学者还把对《齐民要术》的研究称为“贾学”。现在，贾思勰的《齐民要术》已成为全世界人民的共同财富了。

陈旉与《农书》

唐代以前，中国的农学家几乎都出在黄河流域，到了宋代，随着江南农业的开发，南方也出现了一位著名的农学家——陈旉。

陈旉生于北宋熙宁九年（1076 年），他的出生，正是王安石变法失败，新旧党争日益剧烈，北宋王朝日益腐败以至溃亡，南宋王朝偏安江南的时期。宋金战争使他无法安居乐业，赵宋王朝的腐败无能，使他失去了对政治的兴趣，尽管他是一个很有学问的人，上自“六经诸子百家之书，释老氏黄帝神农氏之学”都能“贯穿出入，往往成诵”，下至“术数小道，亦精其能，其尤精老易也”。但他却“平生读书，不求仕进”，一味做学问而不想涉足官场以求功名利禄，并以“种药治圃以自给”。晚年，陈旉隐居西山（可能在江苏扬州），一面劳动，一面著书，自称“西山隐居全真子”或叫“如是庵全真子”，74 岁那年，他完成了自己的著名农学著作《农书》。5 年以后，他又为《农书》写了跋，说明陈旉在 80 岁高龄时，还健在人间。

《农书》后世通称《陈旉农书》，共 3 卷，12000 多字。上卷讲江南主要的作物水稻，中卷讲江南主要的役畜水牛，下卷讲江南主要的家庭副业蚕桑，这是我国有史以来，第一部总结南方农业生产经验的农书。

书中对我国农学的发展，做出了不少新贡献。

其一，提出了土壤肥力可以保持旺而不衰的看法，奠定了我国古代“地力常新壮”的理论基础。

其二，提出了“用粪得理”“用粪如用药”的合理施肥思想，并总结了杂肥沤制、饼肥发酵、烧制火粪等一系列积制肥料及提高肥效的方法，同时，又创造了建造粪屋以保肥效的技术，为我国肥料科学的发展做出了重要的贡献。

其三，全面总结了江南水稻栽培经验，并写了“善其根苗篇”的著名专论，是我国古代首部研究培育壮秧和防止烂秧的专著。

其四，在其他方面如土地利用、农业经营、畜牧、蚕桑等方面也都提出了不少有科学价值的看法。

陈旉治学十分严谨实在，他不仅要“知之”而且要“蹈之”（实践），证明“确乎能其事，乃敢著其说以示人”，在农业生产上他严格要求按技术规程办事，不能靠碰巧凭运气，他在《农书》“蚕桑叙”中说：“古人种桑育蚕，莫不有法，不知其法，未有能得者，纵或得之，亦幸而已，盖法可以为常，而幸不可以为常也。”这些都是陈旉严谨治学态度的反映。陈旉的为人也十分

光明磊落，当时的士大夫“每以耕桑之事为细民之业，孔门所不学”，都以做官为荣，务农为耻，而陈旉却不然，尽管他博学多才，但终生“不求仕进”，甘愿“种药治圃以自给”，过着清苦的农耕生活，这种为发展祖国农业生产的强烈的事业心和严肃的治学态度，至今仍值得我们学习。

王祯与王祯《农书》

王祯是我国元代著名的农学家，山东东平人。王祯和西汉的氾胜之、北魏的贾思勰都是山东人，因此被人称为“山东古代三大农学家”。

王祯是元朝的一名地方官，元成宗元贞元年（1295 年）任宣州旌德县

王祯《农书》插图

（今安徽旌德县）县尹，成宗大德四年（1300年）调任信州永丰县（江西广丰县）县尹。王祯为政清廉，痛恨贪官污吏，他认为："今夫在上者，不知衣食之所自，唯以骄奢为事，不思己之日用，寸丝口饭，皆出于野夫田妇之手，甚至苛敛不已，腹削脂膏而已。"王祯十分重视农业，认为"农，天下之大本也"，"古先圣哲，教民事也，首重农"。因此，他很注意发展农桑事业。在任职期内，他一直过着极俭朴的生活，并用自己的俸禄为老百姓办了不少好事，如办学校、修桥梁、施医药等等，《旌德县志》称他的政绩是："惠爱有为……教民勤树艺，又兼施医药，以救贫疾。"王祯在封建社会中可称得上是一位循吏。

王祯《农书》在中国农业史上占有重要的地位。这部书，后世通称王祯《农书》，因为在我国历史上，南宋时有陈旉《农书》，明末有沈氏《农书》，这样称呼，便于区别，避免混淆。

王祯《农书》共36卷约11万字，全书分《农桑通诀》《百谷谱》《农器图谱》等三大部分，《农桑通诀》相当于农业总论，《百谷谱》分论各种作物，除粮食、果树、蔬菜而外，还包括林木、药材、食用菌栽培等，内容十分广泛。《农器图谱》是全书的重点，共22卷，约占全书的4/5，所述农器，除耕作、栽培用的工具外，还包括仓库、农车以及各种农田灌溉设施和纺织机具等。王祯的《农书》是我国古代规模最大的农书之一，也是我国古代有关农具最详的一部农书。和以往各种农书相比，王祯《农书》具有如下特点：第一，南北兼论，纠正了以往专论北方或专论南方的偏向；第二，特详于农具，全书介绍了农具105种，除元以前的农具外，还介绍了当时新创造的农具如耘荡、刀、耧锄、田荡等多种，对农具搜集介绍之详尽，在以往的农书中都未曾见过；第三，文图并茂，全书绘有农具图306幅，使人看后，对古代农具的形制和构造一目了然，对于各种农业名物，书中还附有诗歌，朗朗上口，增加了阅读的情趣和记忆。

王祯是一位博学多才的人，他不但是一位出色的农学家，而且是位机械设计师和印刷技术革新家。他不但设计、绘制了大量的农机具图，而且复原了一些早已失传的机械。东汉时杜诗发明的水排鼓风技术，到元代已经失传，王祯经过反复研究，终于弄清了水排的构造，恢复了水排鼓风技术。在恢复过程中，王祯将原来的皮囊鼓风改成了木扇鼓风，这样既节省了费用，又减

轻了劳动强度。

王祯对活字印刷术的改进也做出了重要贡献。胶泥活字印刷术是北宋毕升发明的，它是我国古代的四大发明之一。但这项发明，直到元代尚未推广使用，大量使用的还是雕板印刷术，这种印刷方法，不但费时费工，而且木板只能用一次，浪费很大。针对这种情况，王祯便着手进行改革，他先在木板上刻好字，然后再用锯子将字一个个地锯下来，再用刀将木块修成四方形的木活字，排印时用竹片或木楔将木活字卡紧，印刷后可以拆除再用，从而在很大程度上节约了人力、时间和原料，同时也提高了印刷效率。后来他在印刷《旌德县志》时，这种木活字印刷术，表现了很高的印刷效能和极大的优越性，《旌德县志》约 6 万字，使用木活字印刷术，不到一个月就印成了 100 多部，用雕板印刷是绝难办到的。

鲁明善与《农桑衣食撮要》

鲁明善，原名铁柱，是我国元代著名的农学家。他是“畏吾儿”人，即今日的维吾尔族人，因此他是我国历史上为数不多的少数民族农学家。

鲁明善是一位关心农业生产的地方官，元仁宗时担任过寿春郡（今安徽寿县）的“达鲁花赤”，即监察官，负责对所在地方官吏和军民进行监督。他从政治的角度来观察农业，认为“农桑是衣食之本，务农桑，则衣食足；衣食足，则天下可久安长治”。因此，一个地方官的根本任务，在于“劝农”，使老百姓能安心从事农业生产，千万不能“夺其时而落其事”。

为了劝农，除了在行政上加以督促外，鲁明善还决心编一部农书，来介绍和推广农业技术，指导农民生产。

当时，我国流行的农书，从体裁上来说，大致有两种形式：一是按“事”编写的，即将每一类事或每一件事的有关资料集在一起，进行介绍，这种农书介绍事情时，比较系统，有头有尾，前面介绍的《氾胜之书》《齐民要术》、陈旉《农书》、王祯《农书》等都属于这一类；二是按“时”编写的，即古时所称的“月令”，就是按月将要进行的农事活动分别排列出来，汉代的《四民月令》、唐代的《四时纂要》等就属于这一类农书。这类农书十分便于农民安排农业生产，只要翻到哪个月，就知道哪个月应做些什么事情。

从方便农民查阅、利用出发，鲁明善决心采用第二种方式来编写。经过一段时间的努力，鲁明善终于编成了《农桑衣食撮要》，并于元仁宗延祐元年（1314 年）刻印于世，它是我国古代一部著名的月令类农书。

《农桑衣食撮要》篇幅不大，全书约 10000 余字，但包括的内容却相当丰富，农、林、牧、副、渔各业都有。其中介绍的粮食作物有水稻、小麦、大麦、黍、谷、粟、大豆、小豆、黑豆、绿豆以及荞麦等，园艺作物中，蔬菜有 40 种，果树有 10 余种，畜禽有牛、羊、猪、马、鸡、鸭、鹅等，副业有养蚕、养蜂，做酱、醋、豆豉，腌咸菜、鸭蛋、肉等，以及保存衣服、修理房屋等，凡农家生产、生活所需要的各项事宜，该书都无所遗漏。鲁明善在该书的自序中说："凡天时、地利之宜，种植、敛藏之法，纤悉无遗，具在是书。"他的这种说法并没有夸大。

由于鲁明善重视农业，注意搜集农民的生产经验，所以在《农桑衣食撮要》一书中记录有相当多的农民经验，例如蔬菜冷床育苗，果树修剪整枝，瓜类掐蔓整枝，大蚕米粉、豆粉添食、蜜蜂冬季添食饲养等。这些都是以往农书和其他古籍中所没有记载的新经验和新技术。这表明，《农桑衣食撮要》不只是一本农业技术推广手册，而且是一部有一定学术价值的农书。它是鲁明善对发展我国古代农学所做的重要贡献。

徐光启与《农政全书》

徐光启（1562—1633 年）字子先，号玄扈，是我国明代末年杰出的农学家、政治家、军事家，我国近代科学的先驱者。

徐光启生于上海。他 20 岁考取秀才，36 岁中举人，43 岁成进士，官至文渊阁大学士。明朝末年，国困民穷，政治腐败透顶，徐光启虽然"有志用世"，却难于实现他的抱负。《明史·徐光启传》说："光启雅负经济才，有志用世。及柄用，年已老。值周延儒，温体仁专政，不能有所建白。"这是对他一生政治生活的一个扼要的说明。

仕途不顺并没有影响到徐光启对科学的研究，相反，倒使他获得了更

多的时间和精力来从事数学、天文和历法等方面的工作，并取得了多方面的成就。在数学方面，他最早系统地引入了欧洲的数学知识，翻译了《几何原本》、《测量法义》、《测量异同》和《勾股义》等数学专著，从而促进了我国近代数学的发展。现在我国数学上所用的点、线、面、平行线、直角、钝角、三角形、四边形、正弦、正切等名词，都是由徐光启首先使用而确定下来的。在天文历法方面，他综合了当时的中西历法，主持编译了《崇祯历书》和编制了“全天恒星图”，奠定了我国近300年历法的基础。

徐光启一生用力最勤、成就最大、影响最深的则是在农学方面，《农政全书》就是他毕生从事农学研究成果的结晶。

《农政全书》中，徐光启不仅总结了我国3000年来的农业科学成果，还吸取了西方的农业科学知识。全书共60卷，分为农本、田制、农事、水利、农器、树艺、蚕桑、蚕桑广类、种植、牧养、制造、荒政12目约70万字，

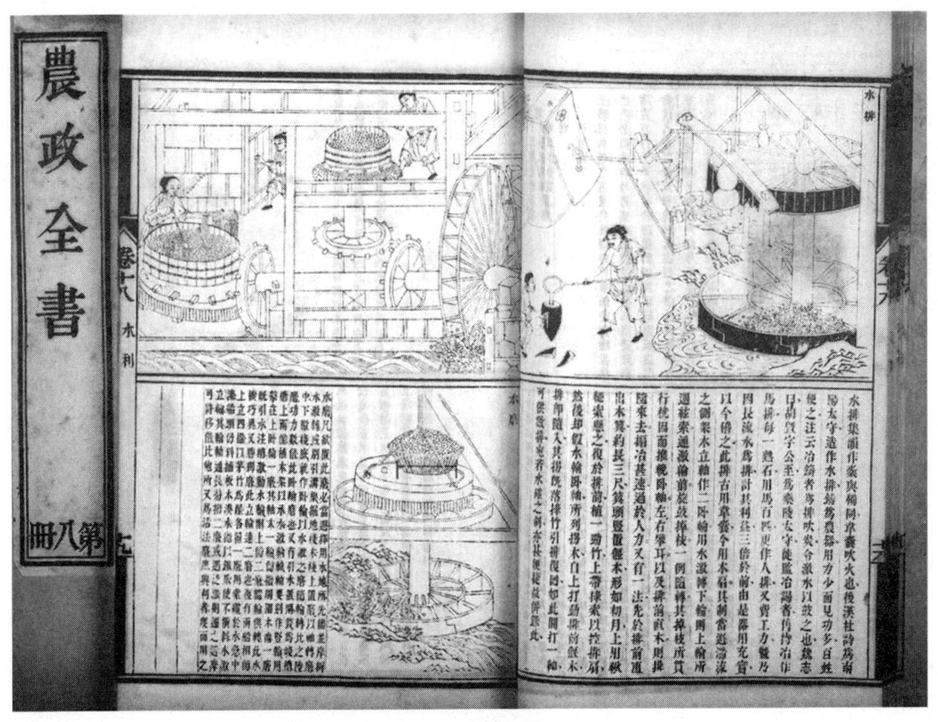

《农政全书》内页

其篇幅之大，超过《齐民要术》7倍、王祯《农书》6倍，是我国古代农书中篇幅最大的一部。

和以往的农书相比，《农政全书》还有一个重要的特色，即重视对发展农业生产有关的政策、制度、措施等的研究，其中特别是对屯垦、水利、备荒三个方面做了系统的研究。这是徐光启以屯垦立军、水利兴农、奋荒救灾，藉以增强国防、发展生产、安定民生的农政思想的具体体现，也是他认为发展农业的三项基本措施。这部农书之所以称为《农政全书》大概就是由此而来的。从这部书所包括的内容来看，它不再像以往的农书一样只是单纯地研究生产技术，而已经开始探讨农业政策，内容更加全面。《农政全书》称为"全书"，确是当之无愧的。而这正是以往农书都不具备的特点。

徐光启对我国农学的发展的贡献是多方面的。

他首先将"数象之学"应用在农业研究上，并获得了正确的结论。这是我国农业科学研究在思想方法上的一大发展。例如，在《徐蝗疏》中，他把我国历史上从春秋到元朝所记载的110次蝗灾发生的时间和地点进行分析，得出了蝗灾为害最烈的时期是在"夏秋之间"，蝗灾的盛发地是在"幽涿以南、长淮以北、青兖以西、梁宋以东，诸郡之地"，其中"骤盈骤涸之地"的"涸泽"，则是"蝗之原本也"，即蝗虫的滋生地。徐光启指出"欲除蝗，图之此其地矣"，即提出了消灭蝗虫滋生地以扑灭蝗害的意见。这个用数理统计而得出的结论，至今仍有很大的参考价值。

徐光启严谨治学，大力批判唯风土论。他说："若谓土地所宜，一定不易，此则必无之理。古之蔬果如颇棱、安石榴、海棠、蒜之属，自外国来者多矣，今姜、荸荠之属，移栽北方，其种特盛，亦向时所谓土地不宜者也。凡地方所无，皆是古无此种，或有之而偶绝。若果尽力树艺，殆无不可宜者；就令不宜，或是天时未合，人力未至耳。试为之，无事空言抵捍也。"他还用自己试验的成果，进一步论证了唯风土论的不可信。他说："余谓风土不宜，或百中间有一二、其他美种不能彼此相通者，正坐懒慢耳。余故深排风土之论。"徐光启从福建将甘薯引种到上海，并取得了"生且蕃，略无异彼土"的结果，以事实证明唯风土论是没有根据的，是不可信的。徐光启的这种不囿于陈说的科学态度，在很大程度上缩小了唯风土论的影响，并发展了我国故有的风土说，这是徐光启对发展我国农学的又一重大贡献。

徐光启的《农政全书》以及他在农学上取得的成就，集中地反映了300多年前我国在农学上所达到的最高水平。我们在阅读该书的同时，所了解到的不仅仅是有关古代农业的科学家严谨而求实的大家风范，还有丰富而详细的农业知识，被后世所借鉴。

图片授权

全景网

壹图网

中华图片库

林静文化摄影部

敬　启

本书图片的编选，参阅了一些网站和公共图库。由于联系上的困难，我们与部分入选图片的作者未能取得联系，谨致深深的歉意。敬请图片原作者见到本书后，及时与我们联系，以便我们按国家有关规定支付稿酬并赠送样书。

联系邮箱：932389463@ qq. com

参考书目

1. 李根蟠．农业科技史话［M］．北京：社会科学文献出版社，2011.
2. 孙秀秀．古代作物栽培［M］．长春：吉林出版集团有限责任公司，2010.
3. 王勇．中国古代农官制度［M］．北京：中国三峡出版社，2010.
4. 周昕．中国农具通史［M］．济南：山东科学技术出版社，2010.
5. 张力军，胡泽学．图说中国传统农具［M］．北京：学苑出版社，2009.
6. 蔡继明，邝梅．论中国土地制度改革—中国土地制度改革国际研讨会论文集［M］．北京：中国财政经济出版社，2009.
7. 国风．中国古代农耕经济的管理［M］．北京：经济科学出版社，2007.
8. 张红宇．中国农村的土地制度变迁［M］．北京：中国农业出版社，2002.
9. 李根蟠．中国古代农业［M］．北京：商务印书馆，1998.
10. 张守军．中国古代的赋税与劳役［M］．北京：商务印书馆，1998.

中国传统民俗文化丛书

一、古代人物系列（9 本）

1. 中国古代乞丐
2. 中国古代道士
3. 中国古代名帝
4. 中国古代名将
5. 中国古代名相
6. 中国古代文人
7. 中国古代高僧
8. 中国古代太监
9. 中国古代侠士

二、古代民俗系列（8 本）

1. 中国古代民俗
2. 中国古代玩具
3. 中国古代服饰
4. 中国古代丧葬
5. 中国古代节日
6. 中国古代面具
7. 中国古代祭祀
8. 中国古代剪纸

三、古代收藏系列（16 本）

1. 中国古代金银器
2. 中国古代漆器
3. 中国古代藏书
4. 中国古代石雕
5. 中国古代雕刻
6. 中国古代书法
7. 中国古代木雕
8. 中国古代玉器
9. 中国古代青铜器
10. 中国古代瓷器
11. 中国古代钱币
12. 中国古代酒具
13. 中国古代家具
14. 中国古代陶器
15. 中国古代年画
16. 中国古代砖雕

四、古代建筑系列（12 本）

1. 中国古代建筑
2. 中国古代城墙
3. 中国古代陵墓
4. 中国古代砖瓦
5. 中国古代桥梁
6. 中国古塔
7. 中国古镇
8. 中国古代楼阁
9. 中国古都
10. 中国古代长城
11. 中国古代宫殿
12. 中国古代寺庙

五、古代科学技术系列（14 本）

1. 中国古代科技
2. 中国古代农业
3. 中国古代水利
4. 中国古代医学
5. 中国古代版画
6. 中国古代养殖
7. 中国古代船舶
8. 中国古代兵器
9. 中国古代纺织与印染
10. 中国古代农具
11. 中国古代园艺
12. 中国古代天文历法
13. 中国古代印刷
14. 中国古代地理

六、古代政治经济制度系列（13 本）

1. 中国古代经济
2. 中国古代科举
3. 中国古代邮驿
4. 中国古代赋税
5. 中国古代关隘
6. 中国古代交通
7. 中国古代商号
8. 中国古代官制
9. 中国古代航海
10. 中国古代贸易
11. 中国古代军队
12. 中国古代法律
13. 中国古代战争

七、古代文化系列（17 本）

1. 中国古代婚姻
2. 中国古代武术
3. 中国古代城市
4. 中国古代教育
5. 中国古代家训
6. 中国古代书院
7. 中国古代典籍
8. 中国古代石窟
9. 中国古代战场
10. 中国古代礼仪
11. 中国古村落
12. 中国古代体育
13. 中国古代姓氏
14. 中国古代文房四宝
15. 中国古代饮食
16. 中国古代娱乐
17. 中国古代兵书

八、古代艺术系列（11 本）

1. 中国古代艺术
2. 中国古代戏曲
3. 中国古代绘画
4. 中国古代音乐
5. 中国古代文学
6. 中国古代乐器
7. 中国古代刺绣
8. 中国古代碑刻
9. 中国古代舞蹈
10. 中国古代篆刻
11. 中国古代杂技